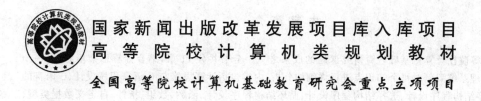

国家新闻出版改革发展项目库入库项目

高等院校计算机类规划教材

全国高等院校计算机基础教育研究会重点立项项目

C 语言程序设计教程

主　编　李艳玲

副主编　路　璐　马　强

U0296427

北京邮电大学出版社
www.buptpress.com

内 容 简 介

本书是高等院校计算机基础教育研究课题的成果之一。全书共分 11 章,结合计算思维培养,以一个完整的图书管理系统案例对每个知识点进行详细的分析,内容包括计算思维与 C 语言程序设计、C 语言的基础知识、顺序结构程序设计、选择结构程序设计、循环结构程序设计、函数、数组、指针、自定义数据类型、预处理、文件等。

本书选材先进,内容丰富,结构完整,理论联系实际,深入浅出,循序渐进,通俗易懂,注重培养读者的程序设计能力及良好的程序设计风格和习惯,并配有大量的实例以方便读者上机实践。

本书可作为高等院校各专业计算机公共基础课程程序设计的教学用书,也可作为计算机等级考试培训教材及自学人员用书。

图书在版编目(CIP)数据

C 语言程序设计教程 / 李艳玲主编 . -- 北京:北京邮电大学出版社,2020.6
ISBN 978-7-5635-6060-8

Ⅰ. ①C… Ⅱ. ①李… Ⅲ. ①C 语言—程序设计—教材 Ⅳ. ①TP312.8

中国版本图书馆 CIP 数据核字(2020)第 081986 号

策划编辑:马晓仟　　**责任编辑**:王晓丹　左佳灵　　**封面设计**:七星博纳

出版发行:北京邮电大学出版社
社　　址:北京市海淀区西土城路 10 号
邮政编码:100876
发 行 部:电话:010-62282185　传真:010-62283578
E-mail:publish@bupt.edu.cn
经　　销:各地新华书店
印　　刷:保定市中画美凯印刷有限公司
开　　本:787 mm×1 092 mm　1/16
印　　张:14.5
字　　数:358 千字
版　　次:2020 年 6 月第 1 版
印　　次:2020 年 6 月第 1 次印刷

ISBN 978-7-5635-6060-8　　　　　　　　　　　　　　　　　定价:40.00 元

前　言

本书是按照教育部高等院校计算机基础课程教指委制订的《大学计算机基础课程教学基本要求》中有关程序设计基础的教学要求编写的。程序设计基础是高校计算机基础教学的核心课程,本书以高级编程语言为平台,介绍计算机程序设计的思想和方法,既可为学生后继计算机相关课程的学习打下基础,也有利于帮助学生理解基本的计算思想和方法,培养学生应用计算机求解问题的基本能力。

本书充分考虑应用型本科院校"强应用"的特色,结合近几年的教学和开发实践经验,围绕项目案例——图书管理系统的开发,对各章知识点进行了详细的分析,深入浅出地阐述了C语言程序设计方法。

全书共分11章,具体内容如下。

第1章主要介绍计算思维与C语言程序设计,帮助学生初步认识C语言,了解计算思维与计算机的关系,为后面的程序开发奠定基础。

第2~7章主要介绍语言的基础知识,主要包括数据类型、结构化程序设计方法、函数、数组等,并提供了丰富的案例,使学生了解程序设计语言的基本结构和运用程序设计求解实际问题的基本过程。

第8~11章主要介绍C语言中的核心内容,主要包括指针、结构体、共用体、预处理、文件操作等。只有熟练掌握这些知识,才能真正掌握程序设计的基本思想和方法,才能初步具备利用程序设计语言和开发环境编程求解实际问题的能力。

本书内容编排循序渐进,通俗易懂,语言简练,将一些复杂问题简单化,以"零基础"为起点,让初学者能够轻松理解并快速掌握相关知识。全书案例由易到难,所有代码均已上机通过,可直接引用。本书适合作为高等院校各专业计算机公共基础课程程序设计方面的教材,还可作为计算机等级考试的培训教材及自学人员的用书。

本书是大家通力合作的成果,是集体智慧的结晶。本书由李艳玲组织编写,并担任主编,由路璐、马强担任副主编。本书各章分工如下:第1章、第2章由杜丽美编写;第3章、第

4 章、第 5 章由李艳玲编写;第 6 章、第 7 章由路璐编写;第 8 章、第 9 章由李慧玲编写;第 10 章、第 11 章由马强编写。

为了方便老师使用和学生学习,本教材配备了丰富的教学资源,除了精美的课件外,我们还提供课程大纲、电子教案、所有例题代码、操作录屏和习题答案。

由于作者水平有限,书中难免存在疏漏与不妥之处,敬请广大读者批评指正。作者邮箱:hhlyl1109@163.com。期待您的来信和指导。

编 者

"北邮智信"App 使用说明

目　　录

第1章 计算思维与C语言程序设计

【学习目标】

- 理解计算思维概念、特征、本质
- 了解计算思维与计算机的关系
- 了解C语言的发展史
- 理解C语言的特点
- 了解C语言的发展趋势
- 学会C语言开发环境的搭建

1.1 什么是计算思维

1.1.1 计算思维概念

计算思维概念的提出是计算机学科发展的自然产物。第一次明确使用这一概念的是美国卡内基·梅隆大学的周以真(Jeannette M. Wing)教授。她认为：计算思维是运用计算机科学的基础概念去求解问题、设计系统和理解人类的行为；是人类求解问题的一条途径，但绝非要使人类像计算机那样地思考。计算思维是一种递归思维，其本质是抽象和自动化。

计算思维(computational thinking)又称构造思维，是指从具体的算法设计规范入手，通过算法过程的构造与实施来解决给定问题的一种思维方法。计算思维涵盖了计算机科学之广度的一系列思维活动。

计算思维是人类科学思维活动固有的组成部分。人类在认识世界、改造世界的过程中表现出了3种基本的思维特征：以观察和总结自然规律为特征的实证思维(以物理学科为代表)、以推理和演绎为特征的推理思维(以数学学科为代表)、以设计和构造为特征的计算思维(以计算机学科为代表)。计算机技术的出现及其广泛应用，更进一步强化了计算思维的意义和作用。

计算思维不仅反映了计算机学科最本质的特征和最核心的方法，也反映了计算机学科的3个不同领域(理论、设计、实现)。

1.1.2 计算思维的特征

计算思维有如下特点。

(1) 计算思维汲取了问题求解所用的一般数学思维方式，颠覆了现实世界中设计与评估巨大复杂系统的一般过程思维方法和理解心理以及人类行为的一般科学思维方法。

（2）计算思维建立在计算过程的能力和限制之上，由人和机器执行；计算方法和模型可以处理那些原本无法由个人独立完成的问题。

（3）计算思维最根本的内容是抽象，计算思维中的抽象完全超越物理中的时空观，以致完全用符号来表示。与数学和物理的抽象相比，计算机思维的抽象更为丰富和复杂。

1.1.3　计算思维的本质

计算思维是基于可计算的，以定量化方式求解问题的一种思维过程；是通过约简、嵌入、转化和仿真等方法，把一个困难的问题重新描述成一个成熟的解决方案；是一种选择合适的方式陈述一个问题，或对一个问题的相关方面建模使其易于处理的思维方法；是按照预防、保护及通过冗余、容错、纠错的方式，从最坏情况进行系统恢复的一种思维方法；是利用启发式推理寻求解答，即在不确定情况下规划、学习和调度的思维方法；是利用海量数据来加快计算，在时间和空间之间、在处理能力和存储容量之间进行折中的思维方法。

在理解计算思维时，要特别注意以下几个问题。

（1）计算思维并不仅仅是像计算机科学家那样去为计算机编程，还要求能够在多个层次上进行抽象思维。

（2）计算思维是一种根本技能，是每个人为了在现代社会中发挥职能所必须具有的思维。

（3）计算思维是人类求解问题的一条途径，但绝非要使人类像计算机那样去思考。计算机给了人类强大的计算能力，人类应该好好利用这种能力去解决各种现实问题。

（4）计算思维是思想，不是人造品。计算机科学不只是将软硬件等人造物呈现在人们的生活中，更重要的是计算的概念，它被人们用来求解问题、管理日常生活以及与他人进行交流和互动。

计算机科学在本质上源自数学思维，它的形式化基础建筑于数学之上。计算机科学又从本质上源自工程思维，因为人们建造的是能够与现实世界互动的系统，所以计算思维是数学与工程思维的互补与融合。

计算思维无处不在，当计算思维真正融入人类活动的整体时，它作为一个解决问题的有效工具，人人都应掌握它，处处都会用到它。它应当有效地融入学生们每一堂课之中。

1.1.4　计算思维与计算机的关系

计算思维虽然具有计算机科学的许多特征，但是计算思维本身并不是计算机科学的专属。实际上，即使没有计算机，计算思维也会逐步发展，甚至有些内容与计算机没有关系，但是，正是由于计算机的出现，给计算思维的研究和发展带来了根本性的变化。计算机对于信息和符号的快速处理能力，使得许多原本只是从理论上可以实现的过程变成了实际中也可以实现的过程。

什么是计算？什么是可计算？什么是可行计算？计算思维的这些性质得到了前所未有的深入研究。由此不仅推进了计算机的发展，也推进了计算思维本身的发展。在这个过程中，一些属于计算思维的特点被逐步揭示出来，计算思维与逻辑思维、实证思维的差别越来越清晰。计算思维的概念、结构、格式等变得越来越明确。计算思维的内容得到不断的丰富和发展。

计算机的出现丰富了人类改造世界的手段,同时也强化了原本存在于人类思维中的计算思维的意义和作用。从思维的角度来看,计算机科学主要研究计算思维的概念、方法和内容,并发展成为解决问题的一种思维方式,这极大地推动了计算思维的发展。

1.2　C语言概述

1.2.1　计算机语言发展史

在揭开C语言的神秘面纱之前,我们先来认识一下什么是计算机语言。计算机语言(computer language)是人与计算机之间通信的语言,它主要由一些指令组成,这些指令包括数字、符号和语法等,编程人员可以通过这些指令来指挥计算机进行各种工作。

计算机语言有很多种类,根据功能和实现方式的不同大致可分为三大类,即机器语言、汇编语言和高级语言,下面我们针对这3类语言的特点进行简单介绍。

1. 机器语言

计算机不需要翻译就能直接识别的语言被称为机器语言(又被称为二进制代码语言),该语言是由二进制数0或1组成的一串指令,对于编程人员来说,机器语言不便于记忆和识别。

2. 汇编语言

人们很早就认识到这样一个事实,尽管机器语言对计算机来说很好懂也很好用,但是对于编程人员来说记住由0和1组成的指令是件艰难的事。为了解决这个问题,汇编语言诞生了。汇编语言用英文字母或符号串来替代机器语言,把不易理解和记忆的机器语言按照对应关系转换成汇编指令,因此,汇编语言比机器语言更加便于阅读和理解。编译器可以把写好的汇编语言程序翻译成机器语言程序,以实现和计算机的沟通。

3. 高级语言

由于汇编语言依赖于硬件,程序的可移植性差,而且编程人员在使用新的计算机时还需要学习新的汇编指令,大大增加了编程人员的工作量,为此计算机高级语言诞生了。高级语言不是一种语言,而是一类语言的统称,它比汇编语言更贴近于人类使用的语言,易于理解、记忆和使用。由于高级语言和计算机的架构、指令集无关,因此它具有良好的可移植性。

高级语言的应用非常广泛,世界上绝大多数编程人员都使用高级语言进行程序开发。常见的高级语言包括C、C++、Java、VB、C♯、Python等。本书讲解的C语言就是目前最流行、应用最广泛的高级语言之一,也是计算机高级编程语言的元老。

1.2.2　什么是C语言

C语言是种高级程序设计语言,具有简洁、紧凑、高效等特点。它既可以用于编写应用程序,也可以用于编写系统软件。自1973年问世以来,C语言迅速发展并成为最受欢迎的编程语言之一,下面我们将针对C语言的发展史和C语言标准分别进行讲解。

1. C语言的发展史

早期的系统软件设计均采用汇编语言,例如大家熟知的 UNIX 操作系统。尽管汇编语言在可移植性、可维护性等方面远不及高级语言,但是一般的高级语言有时难以实现汇编语言的某些功能。那么,能否设计出一种集汇编语言和高级语言优点于一身的语言呢? 于是,C语言就应运而生了。

C语言的发展颇为有趣,它的原型是 ALGOL 60 语言(也称 A 语言)。

1963 年,剑桥大学将 ALGOL 60 语言发展成为 CPL,CPL 的全称为 Combined Programming Language。

1967 年,剑桥大学的马丁·理查兹(Matin Richards)对 CPL 进行了简化,于是产生了 BCPL。

1970 年,美国贝尔实验室的肯·汤普森(Ken Thompson)将 BCPL 进行了修改,并为它起了一个有趣的名字"B语言",其含义是将 CPL"煮干",提炼出它的精华,并且他用 B 语言写了第一个 UNIX 操作系统。

1973 年,美国贝尔实验室的丹尼斯·里奇(Dennis M. Ritchie)在 B 语言的基础上设计出了一种新的语言,他取了 BCPL 的第二个字母作为这种语言的名字,即 C 语言。

1978 年,布赖恩·凯尼汉(Brian W. Kernighan)和丹尼斯·里奇(Dennis M. Ritchie)出版了 *THE C PROGRAMMING LANGUAGE*,从而使 C 语言成为目前世界上广泛应用的高级程序设计语言。

2. C语言标准

随着微型计算机的日益普及,市面上出现了许多 C 语言版本。由于没有统一的标准,使得这些 C 语言之间出现了一些不一致的地方。为了改变这种情况,美国国家标准学会(ANSI)为 C 语言制定了一套 ANSI 标准,即 C 语言标准。

人们将 1989 年美国国家标准学会(ANSI)通过的 C 语言标准 ANSI X3.159—1989 称为 C89。之后在 1990 年,国际标准化组织(ISO)也通过了同样的标准 ISO 9899—1990,该标准被称为 C90。这两个标准只有细微的差别,因此,通常来讲 C89 和 C90 指的是同一个版本。

后来随着时代的发展,1999 年 ANSI 又通过了 C99 标准。C99 标准相对 C89 做了很多修改,例如,变量声明可以不放在函数开头,支持变长数组等,但由于很多编译器仍然没有对 C99 提供完整的支持,因此本书将按照 C89 标准来进行讲解,在适当时会补充 C99 标准的规定和用法。

1.2.3　C语言的特点

C语言是一种通用的、面向过程的程序语言。它的诸多特点使它的应用面很广,下面我们简单学习一下 C 语言的特点。

1. 语言简洁,使用方便灵活

C语言是现有程序设计语言中规模最小的语言之一,它仅有 32 个关键字,9 种控制语句,压缩了一切不必要的成分。其 32 个关键字与 9 种控制语句在后续章节中我们会陆续学习。

2. 结构化程序设计

C 语言是面向过程的语言,它以函数作为程序设计的基本单位,具有自定义函数的功能,因此使用 C 语言可以很容易地进行结构化程序设计。

3. 能进行硬件操作

C 语言既具有高级语言的功能,又具有低级语言的许多功能,C 语言的这种双重性使它既是成功的系统描述语言,又是通用的程序设计语言。

4. 执行速度快

众所周知,汇编语言程序目标代码是效率最高的,而 C 语言的目标代码效率仅比汇编语言低 $10\% \sim 20\%$。

尽管 C 语言具有很多的优点,但它和其他任何一种程序设计语言一样,也有其自身的缺点,如编写代码实现周期长、可移植性较差、过于自由、易出错、对平台库依赖性较大等。但总的来说,C 语言的优点远远超过了它的缺点。

1.2.4　C 语言的发展趋势

从 20 世纪 70 年代起,C 语言通过 UNIX 操作系统迅速发展起来,逐渐在大型机、中型机、小型机,以及微型机中得到应用,成为风靡世界的计算机语言。大多数软件开发商都优先选择 C 语言来开发系统软件、应用程序、编译器和其他产品。

这样的现象一直保持了很多看,直到一种代表着先进思想的语言问世。C++语言的诞生解决了 C 语言不能解决的诸多难题,许多开发商开始使用 C++来开发一些复杂的、规模较大的项目,因此,C 语言进入一个冷落时期。

这个冷落时期并没有持续太长时间,随着嵌入式产品的增多,C 语言简洁高效的特点又重新被重视起来,其强大的功能被广泛应用于各领域。

(1) C 语言可以写网站后台程序,诸如百度、腾讯后台等。

(2) C 语言可以写出绚丽的 GUI 界面。

(3) C 语言可以专门针对某个主题写出功能强大的程序库,然后供其他程序使用,从而让其他程序节省开发时间。

(4) C 语言可以写出大型游戏的引擎。

(5) C 语言可以写操作系统和驱动程序,并且这两者只能用 C 语言编写。例如,用 C 语言编写的 Linux 操作系统的全部源代码都可以从网上得到,而要深入了解操作系统运行的秘密,只要懂得 C 语言即可。

(6) 任何设备只要配置了微处理器,就都支持 C 语言。

1.3　C语言开发环境的搭建

在使用 C 语言开发程序之前,首先要在操作系统上搭建开发环境。目前程序员大多使用集成开发工具来开发 C 语言程序,适合 C 语言的集成开发工具有很多,常用的有 Turbo C、Microsoft C、Visual C++、Borland C++、C++Builder 等。本书主要介绍在 Visual C++ 6.0 环境下的程序开发,书中的程序都在 Visual C++ 6.0 环境下调试通过。

1.3.1　Visual C++ 6.0 集成开发环境

Visual C++ 6.0 工作于 Windows 环境,双击桌面上的 Visual C++ 6.0 图标,就能进入 Visual C++ 6.0 开发环境,此时屏幕将显示如图 1-1 所示的窗体界面。

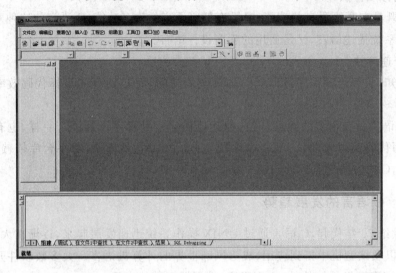

图 1-1　Visual C++ 6.0 窗体界面

窗体中包括有菜单栏、工具栏、工作区窗口和程序编辑窗口等。界面的左边是项目工作区窗口,用来显示所设定的工作区信息。界面右边是程序编辑窗口,用来输入和编辑源程序。

1.3.2　利用 Visual C++ 6.0 开发环境新建文件

在编写源程序之前,先要新建一个".c"文件,具体步骤如下。

(1)首先在图 1-1 的界面中,选择"文件"中的"新建"命令,随即弹出如图 1-2 所示的"新建"对话框。

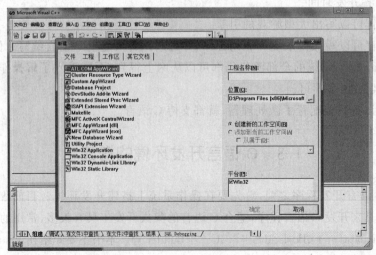

图 1-2　"新建"对话框

（2）在图 1-2 所示的"新建"对话框中,选择"文件"选项卡,然后在其列表框中选择"C＋＋ Source File"选项。在对话框右部所示的"位置"和"文件名"文本框中,输入源程序存储的路径"E:\程序"和源程序文件名"1.c"。这样我们就将要编写的源程序代码以"1.c"为文件名存储在了 E 盘下的"程序"文件夹中,如图 1-3 所示。

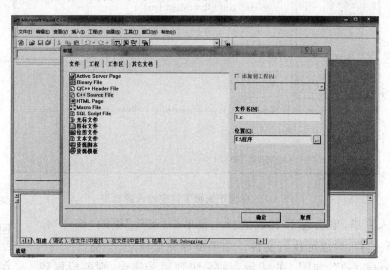

图 1-3　新建".c"文件

（3）单击"确定"按钮,即可进入源程序代码输入界面。如图 1-4 所示,可以在光标处输入和编辑源程序。

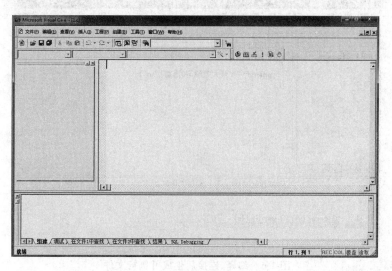

图 1-4　源程序代码输入界面

1.3.3　利用 Visual C＋＋ 6.0 开发环境编写程序

这里编写一个简单的程序,让大家明白程序的编写以及执行过程。图 1-5 所示为一段简单的 C 语言代码。

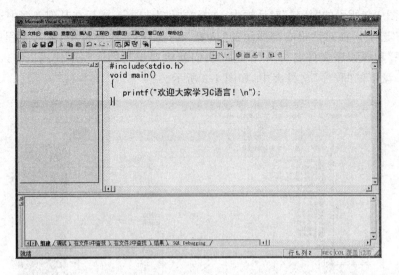

图 1-5　在程序编辑窗口中输入源程序

代码输入完毕，单击 按钮或选择主菜单栏"组建"中的"编译"命令，进行编译、连接，生成可执行文件。如果编译完全成功，会显示"0 error(s)，0 warning(s)"，如图 1-6 所示。如果出现语法错误，则要根据代码下方的错误提示返回修改源程序，然后再进行编译，直到排除所有错误为止。

图 1-6　运行视频

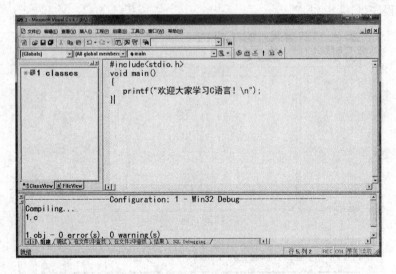

图 1-6　编译、连接后生成可执行文件

如果代码编译成功，则可以"运行"程序。单击 ! 按钮或选择主菜单栏"组建"中的"执行"命令，这时会在白色窗口中显示程序代码的运行结果，如图 1-7 所示。若运行结果正确，则 C 语言程序的开发工作到此完成。否则，要针对程序出现的错误进行修改，修改完毕再返回前面的步骤，重复编译、连接和运行的过程，直到取得预期的结果为止。

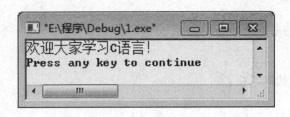

图 1-7　代码运行结果

1.4　C语言代码风格

开发软件不是一朝一夕的事情,更多的情况下,一个软件的开发周期需要很长时间,并且通常由多人合作完成,因此,一定要保持良好的编码风格,才能最大限度地提高程序开发的效率。

1.4.1　程序格式

程序的格式不影响代码的执行,但影响其可读性和维护性。程序的格式应追求清楚美观、简洁明了,让人一目了然。

1. 代码行

其规则概括为:一行只写一条语句,这样方便测试;一行只写一个变量,这样方便写注释。例如:

intsum;

int average;

需要注意的是 if、for、while、do 等语句各占一行,其执行语句无论有几条都用符号"{"和"}"将其包含在内。例如:

if(a < b)
{
    …
}

2. 对齐与缩进

对齐与缩进可以保证代码整洁、层次清晰,其主要表现在以下几点。

(1) 一般用设置为 4 个空格的 Tab 键进行缩进,不用空格进行缩进。符号"{"和与其对应的"}"要独占一行,且位于同一列,与引用它们的语句左对齐。

(2) 位于同一层符号"{"和"}"之内的代码,要在"{" 的下一行缩进,即同层次的代码应在同层次的缩进层上。

下面将列举一些风格正确的代码。

函数定义语句的代码风格:

void Function(int x)

```
{
    …   //program code
}
```

if...else 语句的代码风格：

```
if (condition)
{
    ...//program code
}
else
{
    ...//program code
    }
```

for 语句的代码风格：

```
for(initialization;condition;update)
{
    ... //program code
}
```

while 语句的代码风格：

```
while(condition)
{
    ... //program code
}
```

3. 长行拆分

代码行不宜过长,应控制在 10 个单词或 70~80 个字符。实在太长时要在适当位置拆分,折行后应该如何缩进？好的做法是,第一次折行后,在原来缩进的基础上增加 Tab 空格的 1/2,之后的折行全部对齐第二行,例如：

```
if (veryLongVar1 >= veryLongVar2
    && veryLongVar3 >= veryLongVar4)
{
DoSomething();
    }
double FunctionName (double variablenamel,
    double variablenane2);
```

4. 修饰符"＊"和"＆"的位置

从语义上讲,修饰符"＊"和"＆"靠近数据类型会更直观,但对多个变量声明时容易引起误解,例如：

```
int * x,y;
```

上面的代码中定义了 int * 型变量 x 和 int 型变量 y，但由于修饰符"$*$"靠近 int，因此会让人误以为 y 的数据类型是 int * 型，这样是不对的。

基于上面示例代码造成的误解，人们提倡修饰符"$*$"和"$\&$"靠近变量名，例如：

```
int * x,y;
```

上面的代码能使人们一眼看出，变量 x 是指针类型，而 y 是 int 型，不会造成误解。

1.4.2　程序注释

注释是对程序的某个功能或者某行代码的解释说明，它只在 C 语言源文件中有效，在编译时会被编译器忽略。编译器会忽略注释部分，不对其进行处理，就如同没有这些字符一样，所以注释不会增加编译后程序的可执行代码长度，对程序的运行不起任何作用。注释不仅是给团队合作者看的，也是给自己看的，明确的注释可以让读者阅读、复用、理解和修改代码变得轻松，写注释时力求简单明了、清楚无误，防止产生歧义。注释需要注意以下两点。

1. 单行注释

单行注释通常用于对程序中的某一行代码进行解释，用"//"符号表示，"//"后面为被注释的内容，具体示例如下：

```
printf("Hello, world\n"); //输出 Hello, world
```

2. 多行注释

顾名思义，多行注释就是注释中的内容可以为多行，它以符号"/ * "开头，以符号" * /"结尾，具体示例如下：

```
/ * printf("Hello, world\n");
    return 0; * /
```

本 章 小 结

本章首先介绍了计算思维的概念、特点和本质，以及计算思维与计算机之间的关系。计算思维作为一种科学思维的新概念，给未来的计算科学带来了前所未有的挑战，其次讲解了 C 语言的基础知识，包括 Visual Studio 开发环境的搭建以及如何开发一个简单的 C 语言程序，最后讲解了 C 语言程序中的注释。通过本章的学习，大家会对 C 语言有一个概念上的认识，并了解如何开发一个 C 语言程序，为后面的程序开发奠定基础。

习 题 1

简答题

(1) 什么是计算思维？计算思维有哪些特点？

(2) 简述计算思维与计算机之间的关系。

(3) 什么是 C 语言？为什么要学习 C 语言？

(4) C 语言开发环境是如何搭建的？

第 2 章　C 语言的基础知识

【学习目标】

- 掌握 C 语言的基本数据类型
- 理解常量的概念
- 理解变量的概念
- 掌握各种运算符的使用方法
- 掌握各种运算符的优先级
- 掌握各种数据类型之间的转换过程

　　计算机程序设计涉及两个基本问题:一个是数据的描述;另一个是动作的描述。计算机程序的主要任务就是对数据进行处理,没有数据,程序就无法加工,也不会有结果,而没有加工和结果,程序就毫无作用。这两个基本问题都表明:对数据进行处理是计算机程序设计的一项主要任务。

　　计算机中的数据不单是简单的数字,所有计算机处理的信息,包括文字、声音、图像等都是以一定的数据形式被存储的。数据在内存中保存,存放的情况由数据类型所决定。本章重点讨论 C 语言中的数据类型。

2.1　C 语言的基本数据类型

2.1.1　数据类型概述

　　在程序设计中应当注意计算机中的计算对象,不管是常量还是变量,都是有类型的。运算时,必须注意数据类型的匹配。为什么要引进数据类型这个概念呢?

　　在计算机存储器中,不同类型的数据占用的存储空间长度不同,同一类型的数据在计算机存储器中占用的长度也因编译系统的字长而有所不同。例如,整数类型的数据存储在 16 位计算机中一般占用的长度为 2 字节,而在 32 位计算机中则要占用 4 字节。字符类型的数据在计算机中占用的存储长度为 1 字节。

　　针对不同类型的数据,计算机采取不同的存储方式并进行不同的处理。随着处理对象的复杂化,数据类型也变得更加丰富。数据类型的丰富程度直接反映了程序设计语言处理数据的能力。

　　C 语言中的数据类型可分为基本类型、构造类型、指针类型和空类型四大类。具体划分如图 2-1 所示。

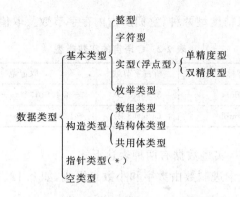

图 2-1　C 语言中的数据类型划分

本节主要讨论基本数据类型,其余数据类型将在以后各章节中陆续介绍。

2.1.2　整数类型

整数类型数据即整型数据,整型数据是没有小数部分的数值。整型数据可分为基本型、短整型、长整型和无符号型 4 种。

(1) 基本型:以 int 来表示。

(2) 短整型:以 short int 来表示。

(3) 长整型:以 long int 来表示。

(4) 无符号型:存储单元中全部二进制位用来存放数据本身,不包含符号位。无符号型中又分为无符号整型,无符号短整型和无符号长整型、分别以 unsigned int、unsigned short 和 unsigned long 来表示。

C 语言标准没有具体规定以上各类数据类型所占内存的字节数,这与所使用的编译系统字长有关,在使用 C 语言进行程序设计时应该引起注意。C 语言中的整型数据在内存中所占字节数以及取值范围可参照表 2-1 中的数据。

表 2-1　C 语言的整数类型

整数类型	类型标识符	所占字节数	取值范围
短整型	short	16 bit(2 B)	−32 768～32 767
整型	int	32 bit(4 B)	−2 147 483 648～2 147 483 647
长整型	long	32 bit(4 B)	−2 147 483 648～2 147 483 647
无符号短整型	unsigned short	16 bit(2 B)	0～65 535
无符号整型	unsigned int	32 bit(4 B)	0～4 294 967 295
无符号长整型	unsigned long	32 bit(4 B)	0～4 294 967 295

从表 2-1 中我们可以看到,虽然 int 与 unsigned int 所占的位数一样,但 int 的最高位用于符号位而 unsigned int 的最高位仍为数据位,所以它们的取值范围不同。

2.1.3　实数类型

实数类型的数据即实型数据,在 C 语言中实型数据又称为浮点型数据。C 语言的实数据又分为单精度型和双精度型两种,它们所占内存字节数及取值范围如表2-2所示。

表2-2 C语言的实数类型

实数类型	类型标识符	所占字节数	取值范围	精度/bit
单精度型	float	32 bit(4 B)	$-3.4\times10^{-38}\sim+3.4\times10^{38}$	7
双精度型	double	64 bit(8 B)	$-1.7\times10^{-308}\sim+1.7\times10^{308}$	15

在C语言程序设计中,实型数据有两种表达形式。

(1) 十进制数形式。十进制数由数字和小数点组成,如3.12、0.568、6等都是十进制数形式。

(2) 指数形式。例如,123E+2或123E2都表示123×10^2。要注意在指数表达形式中,字母E(或e)之前必须有数字,且字母E(或e)后面的指数必须为整数。例如,E6、3.2E+1.2、5e等都是不合法的表达形式,5.74E-6、3E+4是合法的表达形式。

2.1.4 字符类型

字符类型的数据即字符型数据,如表2-3所示。

表2-3 C语言的字符类型

字符类型	类型标识符	所占字节数	取值范围
字符型	char	8 bit(1 B)	0~255

在C语言中表示字符必须使用单引号,例如,'A''y''*''!''+'等,注意在C语言中字符区分字母大小写,例如,'A'和'a'是不同的字符。在C语言中表示字符串必须使用双引号,例如"Hello""How are you""today"等。

字符和字符串的区别如下。

(1) 'a'和"a"是不同的。前者是字符'a',后者是字符串"a"。

(2) 字符'a'所占内存空间大小为1 B,而字符串"a"所占内存空间大小为2 B,原因参见2.3.3小节。

(3) 字符可以用于赋值,而字符串不能用于赋值。例如,c='a'正确,而c="a"不正确。

2.2 标识符与关键字

如同生活中人们的名字一样,C语言中采用标识符来区分变量、函数和其他各种用户定义的对象。C语言规定标识符只能由字母、数字和下划线3种字符组成,且第一个字符必须为字母或者下划线。比如,合法的标识符如Sum、a1、i、Num_n、_ave等。不合法的标识符如5abc、A.D等。

【说明】

(1) C语言中的标识符字母严格区分大小写。

(2) 标识符应该尽量做到"见名知意",以达到良好的可读性。一般是英文单词、单词简写或单词组合等。如表示"年"可以用year,表示"数字"可以用number或num,表示"性别"

可以用 sex 等。

（3）标识符的长度（即标识符中允许的字符个数）因 C 语言编译系统的不同而不同，Visual C++ 6.0 允许标识符的长度为 1～247 个字符，但是考虑到实际情况，标识符的选取不宜过长。

需要注意的是，C 语言预定义了 32 个标识符，它们在程序中有着固定的含义，不能另作他用，这些标识符称为关键字。以下是 32 个关键字。

```
auto      double    int       struct    break     else      long      switch
case      enum      register  typedef   char      extern    return    union
const     float     short     unsigned  continue  for       signed    void
default   goto      sizeof    volatile  do        while     static    if
```

2.3 常 量

在程序运行过程中不能改变的量叫作常量。C 语言中的常量分为数值常量、字符常量、字符串常量和符号常量等。

2.3.1 数值常量

数值常量就是通常所说的常数，分为整型常量和实型常量。

1. 整型常量

整型常量指一个具体的整数。例如，123、45、0、−89 都是整型常量。

C 语言中的整型常量通常用十进制表示。

2. 实型常量

实型常量一般指一个具体的带小数点的十进制数（又称浮点数）。在 C 语言程序中，实型常量有两种表示方法，见 2.1.3 小节所述。

2.3.2 字符型常量

C 语言中的字符型常量是指用单引号括起来的字符。其中单引号是定界符，不属于字符常量的部分。如：'A' 'c' ' '分别表示字符 A、c 和空格。

这里要特别说明一下，反斜杠引导的字符称为转义字符，如表 2-4 所示，其意思是将反斜杠"\"后面的字符转变成另外的意义。例如，\n 中的"n"不代表字母"n"，而是将"n"看作是换行符的意思。

表 2-4 转义字符表

转义字符	意义	用途
\n	换行，将当前位置移到下一行开头	控制输出位置
\b	退格，将当前位置移到前一列	控制输出位置
\t	横向跳格，跳到下一个 Tab 位置	控制输出位置
\r	回车，将当前位置移到本行开头	控制输出位置

转义字符	意义	用途
\\	输出反斜杠字符	输出一个反斜杠
\'	输出单引号字符	输出一个单引号
\"	输出双引号字符	输出一个双引号

2.3.3 字符串常量

字符串常量是由一对双引号括起来的零个或多个字符组成的序列,其中双引号是定界符,不属于字符串常量部分。

字符串常量在存储时每个字符占 1 字节,并在尾部增加一个字符"\0"表示结束。比如,字符串"Hello"在内存中的存储形式如下:

H e l l o \0

对于字符在计算机内存中的存储,实际上内存中存放的是该字符所对应的 ASCII 码,为了直观起见,我们通常用字符本身来表示。

2.3.4 符号常量

为了提高程序的可读性,便于程序的调试和修改,C 语言允许将程序中的常量定义为一个标识符,称为符号常量。符号常量必须在程序开始处进行定义。一般用大写字母表示符号常量。定义符号常量的预处理命令如下:

#define 标识符 字符串

比如,下面的命令定义了符号常量 PI。

#define PI 3.14

有了以上定义,程序中凡是使用数值 3.14 的地方都可以写成 PI,这样的表达简洁、直观,最重要的是,如需修改,只需修改 PI 的预处理命令即可。

2.4 变 量

变量是指程序运行过程中其值可以改变的量。在 C 语言中变量即为存储单元。变量有 3 个要素:变量类型、变量名和变量的值。变量类型决定了存储单元的大小;变量名是存储单元的符号地址;变量的值是存储单元中的数据。

变量必须先定义后使用。定义一个变量的实质是为该变量分配存储单元。

定义变量的格式如下:

数据类型 变量名表;

其中变量名表可以是一个变量,也可以是多个变量名组成的表列,表列中各变量名之间以逗号间隔。

例如：

int x;　　　/＊定义了整型变量x,即分配一个4字节的存储单元,命名为x,用于存
　　　　　　　储整型数据。＊/

float a,b;　/＊定义了两个单精度型变量a和b,即分配两个4字节的存储单元分别
　　　　　　　命名为a和b,可分别存储一个单精度数据。＊/

以上定义的变量并没有确定的值,不能直接使用。C语言允许在定义变量的同时为变量赋初值,称为变量初始化,其一般格式为：

数据类型 变量名＝值,变量名＝值,…,变量名＝值；

例如：

int sum ＝ 0;　//定义一个整型变量sum,并赋初值为0。

【说明】

(1)定义变量的格式中出现的分号表明这是一条语句,不可或缺。C语言程序中的主要操作都是由语句完成的,而“；”代表一条语句的结束。

(2)C语言中变量的含义和数学中变量的含义不同。C语言中的变量代表数据的存储单元,而数学中的变量代表已知数或未知数。

2.5　运算符与表达式

运算符是编程语言中不可或缺的一部分,用于对一个或多个值(或表达式)进行运算,本节将针对C语言中的常见运算符进行详细的介绍。C语言的运算符归纳如下。

(1)算术运算符：“＋”“－”“＊”“/”“％”“＋＋”“－－”。

(2)关系运算符：“＞”“＜”“＝＝”“＞＝”“＜＝”“!＝”。

(3)逻辑运算符：“!”“＆＆”“‖”。

(4)赋值运算符：“＝”。

(5)条件运算符：“？”“：”。

(6)逗号运算符：“,”。

(7)求字节数运算符：“sizeof”。

(8)强制类型转换运算符。

(9)下标运算符：“[　]”。

(10)位运算符。

(11)其他。

2.5.1　算术运算符

1. 算术运算符介绍

数学运算中最常见的是加、减、乘、除四则运算。C语言中基本的算术运算符共有5种分别是加“＋”、减“－”、乘“＊”、除“/”、取余“％”。这些都是双目运算符,即运算符要求有两个操作数,如“x＋y”“x－y”“x＊y”“x/y”“x％y”都是双目运算。对于这些运算符要注意以

下几个问题。

（1）"/"运算符如果左右两边的操作数为整数，则结果为整数部分；如果左右两边的操作数有一边为小数，则结果为小数。例如，3/2的值为1,3.0/2的值为1.5。

（2）"%"运算符要求左右两边的操作数必须为整型数据。例如，8%3的值为2。

（3）参加运算的两个数中有一个数为实数，则结果为double类型，这在本章2.6节中会详细介绍。

（4）字符型数据可以和数值型数据混合运算，因为字符型数据在计算机内部是用1字节的整型数来表示的。

除了以上列出的双目运算符，另外还有一些单目运算符，如正号"＋"、负号"－"、自增"＋＋"、自减"－－"。对于这些单目运算符，正号"＋"和负号"－"很常见，这里主要介绍自增"＋＋"和自减"－－"运算符。自增、自减运算符的操作对象只能是变量，其作用是使变量的值增1或减1，但是在何时增1或减1这与运算符的位置有关，例如：

```
++i, --i;        //作用是在使用i之前,i值先加(或减1)
i++, i--;        //作用是在使用i之后,i值再加(或减1)
int i=2,j;
j=++i; //先将i的值自增1,然后再赋给变量j,i和j最终的值分别为3和3

int i=2,j;
j=i++; //先将i的值赋给j,然后i的值自增1,i和j最终的值分别为3和2

int i=2,j;
j=--i; //先将i的值自减1,然后再赋给变量j,i和j最终的值分别为1和1

int i=2,j;
j=i--; //先将i的值赋给j,然后i的值自减1,i和j最终的值分别为2和1
```

2. 算术运算符的优先级

和数学一样，C语言中使用算术运算符形成的表达式在运算时是有优先级高低之分的。

（1）当表达式中只有双目运算符时，遵循的原则是"先乘除，后加减"。其中"＊""/""%"为同一级别，"＋""－"为同一级别，并且前者的优先级高于后者。例如：

```
int x=1,y=2,z=3;
int a,b;
a=x-y+z;   //表达式"x-y+z"按照从左至右的结合方式,a的值最终为2
b=x*y+z/y-x%z;
//先做"*""/""%"运算,再做"+""-"运算,b的值最终为2
```

（2）单目运算符"＋＋""－－""－"是同级优先关系。当表达式中只存在单目运算符时，结合方式为自右至左。例如：

```
int x=2,y;
```

```
y = - x++;                  //x和y的最终值分别为3和-2
```

分析如上例子,表达式"-x++"遵循右结合规则,为此,表达式"-x++"等价于表达式"-(x++)","++"在x的后面,因此"x++"先使用x本身的值2,然后再与"-"结合,将"-2"赋值给变量y,最后x再自增1,变为3。

(3)当表达式中既有双目运算符又有单目运算符时,单目运算符的优先级高于双目运算符。例如:

```
int x = 1,y = 2,z = 3;
int a;
a = ++x + y-- + z;          //x,y,z,a的最终值分别为:2,1,3,7
```

2.5.2 关系运算符

1. 关系运算符介绍

关系运算符用于对两个数值或变量进行比较,其结果是一个逻辑值"1"或"0"("真"或"假")。常见的关系运算符有">""<""=="">=""<=""!="。下面对部分关系运算符做简要说明。

(1)"=="的功能是判断左右两边的数值、变量或表达式是否相等,如果相等则返回"1",如果不相等则返回"0"。

(2)"!="的功能是判断左右两边的数值、变量或者表达式是否不相等,如果不相等则返回"1",如果相等则返回"0"。

2. 关系运算符的优先级

对于关系运算的优先级,">""<"">=""<="的优先级高于"==""!="的优先级。如果一个表达式中只有">""<"">=""<="运算符时,结合方式为从左至右;如果一个表达式中既有">""<"">=""<="运算符又有"==""!="运算符,则应先做前面的运算,再做后面的运算。例如:

```
int x = 1,y = 1,z = 2;
int a,b;
a = x >= y < z;            //a的最终值为1
b = x > y != y < z;        //b的最终值为1
```

2.5.3 逻辑运算符

1. 逻辑运算符介绍

逻辑运算符用于判断数据的真假,其结果仍为"1"或"0"("真"或"假")。C语言中的逻辑运算符有"!""&&""||"。下面对逻辑运算符做简要说明。

(1)运算符"!"表示非操作,是单目运算符,当运算符右边的表达式为0(假)时,其结果为1(真)。例如:

```
int x = 1,y;
y = ! x;                   //y的值为0
```

(2) 运算符"&&"表示与操作,是双目运算符,当运算符两边的表达式为1(真)时,结果为1(真),否则结果为0(假)。注意:如果运算符左边的表达式结果为0(假),那么运算符右边的表达式是不会进行运算的。例如:

```
int x = 0,y = 1,z;
z = x&& ++ y;            //z 的值为 0,y 的值还是 1
```

(3) 运算符"||"表示或操作,是双目运算符,当运算符两边的表达式为0(假)时,其结果为0(假),否则结果为1(真)。注意:如果运算符左边的表达式结果为1(真),那么运算符右边的表达式是不会进行运算的。例如:

```
int x = 1,y = 1,z;
z = x|| ++ y;            //z 的值为 1,y 的值还是 1
```

(4) 一个表达式中可以包含多个逻辑运算符。

2. 逻辑运算符的优先级

逻辑运算符"!""&&""||"的优先级从高到低依次为!、&&、||。

2.5.4 赋值运算符

1. 赋值运算符介绍

赋值运算符"="的作用就是将常量、变量或表达式的值赋给某一个变量。例如:

```
x = 20;                 //将 20 赋给变量 x
y = x + 4;              //将表达式"x + 40"的值赋给 y
```

常用的还有复合赋值运算符,在赋值符"="之前加上其他运算符,就可以构成复合的运算符。例如:

```
x += 5;                 //等价于 x = x + 5
x - = 5;                //等价于 x = x - 5
x * = 5;                //等价于 x = x * 5
x/ = 5;                 //等价于 x = x/5
x % = 5;                //等价于 x = x % 5
```

有了复合赋值运算符,就可以构成复合赋值表达式,例如:

```
x += a + y * 3;         //等价于 x = x + (a + y * 3)
```

2. 赋值运算符的优先级

赋值运算符的优先级低于算术运算符、关系运算符和逻辑运算符。例如:

```
int x = 1,y = 2,z = 3;
int a,b,c;
a = x + y - z;          //先求表达式"x + y - z"的值为 0,然后赋给 a,即 a 等于 0
b = x < y;              //先求表达式"x < y"的值为 1,然后赋给 b,即 b 等于 1
c = -- x||z;            //先求表达式"-- x||z"的值为 1,然后赋给 c,即 c 等于 1
```

赋值运算符遵循自右至左的结合方式,例如:

a = b = 20/4;　　　　　//先求"20/4"的值为 5,然后将 5 赋给 b,再将 5 赋给 a

【例 2-1】 若 a 的初始值为 12,则 $a+=a-=a*a$ 的求解步骤是怎样的?

这是一个复合的赋值运算过程,按照自右至左的结合方式,求解过程如下。

第一步:先进行 $a-=a*a$ 的运算,即等价于 $a=a-a*a=12-12*12=-132$;

第二步:再进行 $a+=-132$ 的运算,即等价于 $a=a+(-132)=-132-132=-264$。

2.5.5　条件运算符

条件运算符又称三目运算符,即有三个参与运算的表达式,具体的语法格式如下:

表达式 1 ? 表达式 2 : 表达式 3

上面表达式的求解过程为:先求解表达式 1 的值,若值为真(即非 0)则将表达式 2 的值作为整个表达式的最终取值;若表达式 1 的值为假(即为 0)则将表达式 3 的值作为表达式的最终取值。例如:

int a = 6,b = 3,result;

result = a > b ? a * b : a + b;

//先求表达式"a>b"的值为 1,则求表达式"a*b"的值为 18,即 result = 18

2.5.6　逗号运算符

在 C 语言中,多个表达式可以写在一起,并用逗号分开。逗号运算符就是用于分割这些连在一起的表达式的运算符,其中用逗号分开的表达式先分别进行运算,最终返回最后一个表达式的值。逗号运算符的语法格式如下:

(表达式 1,表达式 2,表达式 3,…,表达式 n);

下面通过一个例子,来学习逗号运算符的使用方法。

int a = 5,b;

b = (7 - 3,a * 2,a + 3);

//先求括号中每个表达式的值分别为 4、10、8,最终 b = 8

2.5.7　求字节运算符

同一种数据类型在不同的编译系统中所占空间不一定相同,例如,在基于 16 位的编译系统中,int 类型占用 2 B,而在 32 位的编译系统中,int 类型占用 4 B。为了获取某一数据或数据类型在内存中所占的字节数,C 语言提供了 sizeof 运算符,使用 sizeof 运算符的语法格式如下:

sizeof(数据类型名称);或 sizeof(变量名称);

下面通过一个例子,来学习 sizeof 运算符的使用方法。

float x;

```
int a,b;
a = sizeof(x);   //求变量 x 所占空间的大小,最终 a = 4
b = sizeof(int); //求 int 类型所占空间的大小,最终 b = 2 或 4
```

2.5.8 各种运算符的优先级

上述各小节,分别介绍了算术运算符、关系运算符、逻辑运算符、赋值运算符、条件运算符、逗号运算符和求字节运算符,本节来讨论这些运算符之间优先级高低的问题,如图 2-2 所示。

对于运算符的优先级其实没有必要刻意去记忆,在编写程序时,尽量使用括号"()"来实现想要的运算顺序,就可以避免错误的发生。

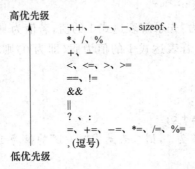

图 2-2 各种运算符的优先级排序

2.6 数据类型转换

在 C 语言中,整型、单精度型、双精度型和字符型数据可以进行混合运算。字符型数据可以与整型数据通用。例如:

```
100 + 'A' + 8.65 - 2456.75 * 'a'
```

以上是一个合法的运算表达式。在进行运算时,不同类型的数据要先转换成同一类型的数据,然后再进行运算。

C 语言的数据类型转换可以归纳成 3 种转换方式:自动转换、赋值转换和强制类型转换,下面分别介绍这 3 种转换方式。

2.6.1 自动转换

在进行运算时,不同类型的数据要转换成同一类型。自动转换的规则如图 2-3 所示。

(1) float 型数据自动转换成 double 型数据。

(2) char 与 short 型数据自动转换成 int 型数据。

(3) int 型与 double 型数据运算,直接将 int 型数据转换成 double 型数据。

(4) int 型与 unsigned 型数据运算,直接将 int 型数据转换成 unsigned 型数据。

(5) int 型与 long 型数据运算,直接将 int 型数据转换成 long 型数据。

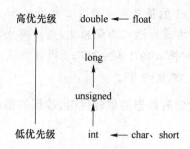

图 2-3 数据类型转换规则示意图

总之，是由低级向高级转换。不要错误地把图 2-3 中的自动类型转换理解为先将 char 型或 short 型数据转换成 int 型数据，再转换成 unsigned 型，然后转换成 long 型，直至转换成 double 型数据。例如：

char ch = 'a';

int i = 13;

float x = 3.65;

double y = 7.528e-6;

若表达式为

i + ch + x * y

则先将 ch 转换成 int 型，计算 $i+ch$，由于 ch = 'a'，而 'a' 的 ASCII 码值为 97，故计算结果为 110，数据类型为 int 型；然后将 x 转换成 double 型，计算 $x*y$，结果为 double 类型数据；最后将 $i+ch$ 的值 110 转换成 double 型，表达式的值最后为 double 类型数据。

2.6.2 赋值转换

如果赋值运算符两侧的类型不一致，但都是数值型或字符型时，在赋值过程中就要进行类型转换。转换的基本原则如下。

(1) 将整型数据赋给单精度、双精度变量时，数值不变，但以浮点数形式存储到变量中。

(2) 将实型数据（包括单、双精度）赋给整型变量时，舍弃实数的小数部分。例如，x 为整型变量，执行 $x=4.25$ 时，取值为 $x=4$。

(3) 将字符型数据赋给整型变量时，字符型数据只占 1 B，而整型数据占 2 B 或 4 B，因此将字符型数据放入到整型变量低 8 位中，整型变量高 8 位视计算机系统处理有符号量或无符号量两种不同情况，分别在高 8 位补 1 或补 0。

(4) 将带符号的 int 型数据赋给 long int 型数据变量时，要进行符号扩展。如果 int 型数据为正值，则 long int 型变量的高 16 位补 0，反之补 1。

(5) 将 unsigned int 型数据赋给 long int 型数据变量时，不存在符号扩展，只需将高位补 0 即可。例如：

int a,b;

float x1 = 2.5,x2;

double y1 = 2.2,y2;

```
a = x1;                    //x1 的值转换成整数 2 赋给 a,截去小数部分
x2 = 3.14159 * y1 * y1;//右边表达式为双精度,先转换成单精度再赋给 x2
b = 'a';                   /* 将'a'的 1 B 的 ASCII 码转换成 4 B 的整数,再赋给 b,b 的最
                            终值为 97。*/
```

精度高的数据类型向精度低的数据类型转换时,数据的精度有可能降低。

2.6.3 强制类型转换

强制类型转换的语法格式如下:

(类型名)(表达式);

利用强制类型转换运算符可以将一个表达式转换成所需类型。例如:

```
(int)(a + b);             //强制将 a + b 的值转换成整型
(double)x                 //将 x 转换成 double 型
(float)(10 % 3)           //将 10 % 3 的值转换成 float 型
```

```
int a = 7,b = 2;
float y1,y2;
y1 = a/b;                 //y1 的值为 3
y2 = (float)a/b;          //y2 的值为 3.5,强制将 a 转换为实型,b 也随之自动转换为
                           实型
```

注意:$(int)(x+y)$ 和 $(int)x+y$ 强制类型转换的对象是不同的,前者是对 $x+y$ 这个整体进行强制类型转换,而后者只对 x 进行强制类型转换。

2.7 本章小结

本章主要讲解了 C 语言中的数据类型以及运算符,其中包括基本数据类型、运算符与表达式、运算符的优先级,以及数据类型之间的转换等问题。本章的内容是 C 语言的基础,通过本章的学习,大家必须掌握 C 语言中数据类型及其运算的一些相关知识。熟练掌握本章的内容,可以为后续继续学习 C 语言代码的编写打下基础。

习 题 2

1. 选择题

(1) 下面正确的字符常量是( )。

A. "C"   B. 12   C. 'W'   D. a

(2) 在 C 语言中,int、char、short 3 种类型数据在内存中所占用的字节数( )。

A. 由用户自己定义   B. 均为 2 B

C. 是任意的   D. 由所用机器的机器字长决定

(3) sizeof(float)是（　　）。

A. 一个双精度型表达式　　　　　　　　B. 一个整型表达式

C. 一种函数调用　　　　　　　　　　　D. 一个不合法的表达式

(4) 设变量 a 是整型，f 是实型，i 是双精度型，则表达式"$10 + 'a' + i * f$"的值的数据类型为（　　）。

A. int　　　　　　　B. float　　　　　　C. double　　　　　　D. 不确定

(5) 以下正确的定义整型变量 a、b 和 c 并为它们赋初值"5"的语句是（　　）。

A. int a = b = c = 5;　　　　　　　　　B. int a,b,c = 5;

C. int a = 5,b = 5,c = 5;　　　　　　　D. a = b = c = 5;

(6) 若 x、i、j 和 k 都是 int 型变量，则计算表达式"$x = (i = 4,j = 16,k = 32)$"后，$x$ 的值为（　　）。

A. 4　　　　　　　　B. 16　　　　　　　C. 32　　　　　　　D. 52

(7) 假设所有变量均为整型变量，则表达式"$(a = 2,b = 5,b + + ,a + b)$"的值是（　　）。

A. 7　　　　　　　　B. 8　　　　　　　C. 6　　　　　　　D. 2

(8) 若有代数式(3ae)/(bc)，则不正确的 C 语言表达式是（　　）。

A. a/b/c * e * 3　　　　　　　　　　　B. 3 * a * e/b/c

C. 3 * a * e/b * c　　　　　　　　　　D. a * e/c/b * 3

(9) 若有定义"int a = 7;float x = 2.5,y = 4.7;"，则表达式"$x + a \% 3 * (int)(x + y) \% 2/4$"的值是（　　）。

A. 2.500000　　　　B. 2.750000　　　　C. 3.500000　　　　D. 0.000000

(10) 已知 ch 是字符型变量，下面不正确的赋值语句是（　　）。

A. ch = 'w'　　　　　B. ch = '\0'　　　　C. ch = '7'+'9'　　　D. ch = a

(11) 若有定义"int a,b; float x;"，则正确的语句是（　　）。

A. a = 1,b = 2;　　　B. b + + ;　　　　　C. a = b = 5;　　　　D. b = int(x);

(12) 设 x、y 和 z 均为 int 型变量，则执行语句"$x = (y = (z = 10) + 5) - 5$"后，$x,y$ 和 z 的值是（　　）。

A. $x = 10$　　　$y = 15$　　　$z = 10$　　　　B. $x = 10$　　　$y = 10$　　　$z = 10$

C. $x = 10$　　　$y = 10$　　　$z = 15$　　　　D. $x = 10$　　　$y = 5$　　　$z = 10$

(13) 逻辑运算符两侧运算对象的数据类型是（　　）。

A. 只能是 0 或 1　　　　　　　　　　　B. 只能是 0 或非 0 整数

C. 只能是整型或字符型数据　　　　　　D. 可以是任何类型的数据

(14) 以下关于运算符优先顺序的描述中正确的是（　　）。

A. 关系运算符<算术运算符<赋值运算符<逻辑运算符

B. 逻辑运算符<关系运算符<算术运算符<赋值运算符

C. 赋值运算符<逻辑运算符<关系运算符<算术运算符

D. 算术运算符<关系运算符<赋值运算符<逻辑运算符

(15) 已知"x = 43、ch = 'A'、y = 0;"，则表达式"$x > y\&\&ch < B'\&\&! y$"的值是（　　）。

A. 0　　　　　　　　B. 语法错误　　　　C. 1　　　　　　　D. "假"

(16) 判断 char 型变量 $c1$ 是否为小写字母的正确表达式为（　　）。

A. 'a'<=c1<='z' B. (c1>=a)&&(c1<=z)

C. ('a'>=c1)||('z'<=c1) D. (c1>='a')&&(c1<='z')

(17) 若 w、x、y、z、m 均为 int 型变量,则执行下面语句后的 m 值是( )。

```
w=1;x=2;y=3;z=4;
m=(w<x)? w:x;
m=(m<y)? m:y;
m=(m<z)? m:z;
```

A. 1 B. 2 C. 3 D. 4

(18) C 语言中的简单数据类型包括( )。

A. 整型、实型、逻辑型 B. 整型、实型、字符型

C. 整型、字符型、逻辑型 D. 整型、实型、逻辑型、字符型

(19) 将字符型 g 赋给字符变量 c,正确的表达式是( )。

A. c="g"; B. c='g'; C. c=g; D. 无法赋值;

(20) 已知"int j,i=1;",执行语句 j=-i++后,j 的值是( )。

A. 1 B. 2 C. -1 D. -2

(21) 下列标识符中,合法的用户标识符为( )。

A. month B. 5xy C. int D. your name

2. 填空题

(1) C 语言中的实型变量分为两种类型,它们是 float 型和_____型。

(2) C 语言中,表示逻辑"假"值用数字_____表示。

(3) C 语言中的标识符只能由字母、数字和_____3 种字符组成。

(4) 若有定义"int m=5,y=2;",则计算表达式"y+=y-=m*=y"后的 y 的值是_____。

(5) 若 a 是 int 型变量,则计算表达式"a=25/3%3"后 a 的值为_____。

(6) 如果 $a=1$、$b=2$、$c=3$、$d=4$,则表达式"a>b? c:d"的值为_____。

(7) 已知"int x=5,n=5;",计算表达式"x+=n++"后,x 的值为_____,n 的值为_____。

(8) 转义字符中,_____表示回车换行,_____表示双引号。

(9) 字符串常量"good"在内存中占用_____字节。

(10) Visual C++ 6.0 中 char 型数据分配的字节数是_____。

第 3 章　顺序结构程序设计

【学习目标】

- 理解表达式与表达式语句
- 掌握表达式语句的格式
- 掌握格式输入/输出函数的使用
- 掌握字符输入/输出函数的使用
- 掌握顺序结构程序应用

3.1　C语言的基本语句

语句是组成 C 程序的基本单位,其重要特点是必须以分号结束。C 语言程序语句分为:表达式语句、函数调用语句、空语句、复合语句和流程控制语句。C 程序书写风格自由,不但一行可以书写多条语句,而且可以将一条语句写在多行。

3.1.1　表达式语句

表达式加上分号就构成了表达式语句,其一般形式如下:

表达式;

【例 3-1】　表达式语句。

```
x = 1;    /* 赋值语句,功能是给 x 赋值为 1 */
i++;      /* 自增语句,功能是使 i 的值增 1 */
```

3.1.2　函数调用语句

函数调用语句由函数调用表达式加分号构成,其一般形式如下:

函数名(参数列表);

执行函数调用语句就是调用函数体完成特定的功能。C 语言有丰富的标准函数库(参见附录 3),但是调用时要注意以下要点。

(1) 在程序中包含相应的头文件,其一般形式如下:

```
#include<stdio.h>
#include<math.h>……
```

这里 #include 是预编译命令,其作用是将库中的某个文件包含到程序中来。例如,只有包含了头文件"stdio.h",才能调用标准函数库中的输入输出函数;只有包含了头文件"math.h",才能调用标准函数库中的数学函数。关于头文件和标准库函数将在第6章进行详细的介绍。

(2)库函数调用规则

调用函数时,要注意函数的返回值、参数个数和类型以及参数的顺序。通过查库函数表,了解各函数的功能和定义,按照规范调用。

3.1.3 流程控制语句

流程控制语句用于控制程序的执行流程,以实现程序的顺序、选择或循环结构。C语言有9种流程控制语句,可分为3类,如图3-1所示。

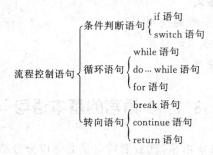

图3-1 流程控制语句

3.1.4 空语句

C程序语句如果只有一个分号,则称为空语句,其一般形式如下:

;

空语句只占用一个位置,执行时不产生任何动作,常用于循环语句中构成空循环。

3.1.5 复合语句

在C语言中,用一对大括号{}将多条语句组合在一起,构成复合语句,也可以称为"语句块",其一般形式如下:

```
{
    定义语句1;
    定义语句2;……
    执行语句1;
    执行语句2;……
}
```

大括号内的语句数量不限,一个复合语句在语法上视为一条语句。复合语句中的各条语句必须以分号结束,但是括号外不加分号。例如:

{int x=1, y=5; x++; y*=x;printf("y=%d\n",y);}

3.2 输入输出操作

3.2.1 格式化输入与输出

C语言程序离不开数据的输入与输出,为此,C语言提供了 printf()函数和 scanf()函数。其中,printf()函数用于输出字符,scanf()函数用于读取用户的输入。

1. printf()函数

调用 printf()函数的语句格式如下:

printf("格式控制字符串",输出项列表);

【功能】 通过格式控制字符输出多个任意类型的数据。其中格式控制字符由普通字符、转义字符和格式说明3部分组成。

普通字符:原样输出,主要用于输出提示信息。

转义字符:以"\"开头,表示某种特定的操作。如"\n"表示换行,"\t"表示水平制表等。

格式说明:以"%"开头的字符串,说明输出数据的类型、形式、长度、小数位数等。

输出项列表中的各个输出项可以是任意合法的常量、变量 或表达式,当输出项多于一项时,各个输出项之间用逗号分隔。

常用的格式说明见表3-1。在%与格式字符之间可以插入如表3-2所示的修饰符。

表 3-1 常用格式说明

常用格式字符	含义
%s	输出字符串中的字符
%c	输出一个字符
%d	以十进制输出一个有符号整型
%u	以十进制输出一个无符号整型
%o	以八进制输出一个整数
%x 或 %X	以十六进制输出一个整数
%f	以十进制输出一个浮点数
%e 或 %E	以指数形式输出一个浮点数
%p	输出变量的内存地址
%%	输出一个%

表 3-2 格式修饰符

格式修饰符	含义
字母1或L	用于长整型数据的输出
$m.n$	m 和 n 均是正整数。m 指明数据输出的最小宽度,当数据实际宽度超过 m 时,则按实际宽度输出,如实际宽度小于 m 则输出时前面补0或空格。n 有两种含义:对于实型数据,表示输出 n 位小数;对于字符串,表示从左截取的字符个数。m 和 n 可独立使用

续 表

格式修饰符	含义
—	结果左对齐,右边补空格
+	输出符号(正号或负号)
0	在数据前的多余空格处加前导 0
#	用在格式字符"o"或"x"前,使输出 8 进制或 16 进制数时,输出前缀 0 或 0x

【例 3-2】 通过格式控制字符%c、%s、%d 和%f,分别输出字符、字符串、整数和浮点数。

例 3-2　运行视频

```c
#include<stdio.h>
void main()
{
    printf("%c%c",'A','\n');
    printf("%s","Hello, world! \n");
    printf("%d %d\n",1,2);
    printf("%f %f\n",1.1,1.2);
}
```

程序运行结果如图 3-2 所示。

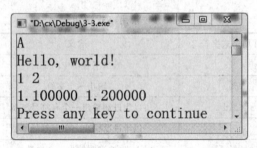

图 3-2　例 3-2 运行结果

【例 3-3】 输出 z 的值

例 3-3　运行视频

```c
#include<stdio.h>
void main()
{
    float x=1234.567,y=3333.456,z;
    z=x+y;
    printf("%f\n",z);              /*默认 6 位小数*/
    printf("%10.3f\n",z);          /*数据共占 10 列,3 位小数,左补空格*/
    printf("%-10.3f\n",z);         /*数据共占 10 列,3 位小数,右补空格*/
    printf("%e\n",z);              /*以指数形式输出*/
}
```

程序运行结果如图 3-3 所示。

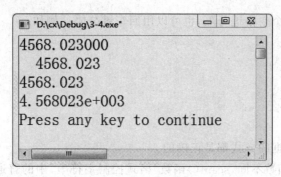

图 3-3　例 3-3 运行结果

2. scanf( )函数

调用 scanf( )函数的语句格式如下：

scanf("格式控制字符串",地址列表);

【功能】　按用户指定的格式将键盘上输入的数据依次存入地址列表指定的内存单元中。其中地址列表是用逗号分隔的多个地址,变量的地址以"&"开头。

scanf( )函数也可以通过格式控制字符控制用户的输入,其用法与 printf( )函数一样。

【例 3-4】　将用户从键盘上输入的数据赋给变量 x。

```c
#include<stdio.h>
void main()
{
    int x;
    printf("请输入一个整数:");
    scanf("%d",&x);
    printf("输入的整数是%d\n",x);

}
```

例 3-4　运行视频

程序运行结果如图 3-4 所示。

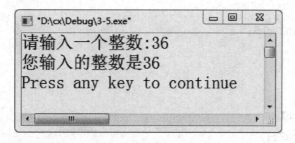

图 3-4　例 3-4 运行结果

注意：(1) 输入时,数据之间需要分隔符。例如：

```
scanf("%d%d", &x,&y);
```

可以用一个或多个空格键分隔,也可以用回车键分隔。例如:

10 80 <回车>

或者

10 <回车>

80 <回车>

以上两种输入数据的方式都是正确的。

(2) 与 printf()函数不同,scanf()函数"格式控制字符串"中的普通字符是不显示的,而是规定了输入时必须原样输入的字符。例如:

```
scanf("x = %d%d", &x);   //格式串中 x = 为普通字符
```

执行该语句时,输入应为下列格式:

x = 30 <回车>

3.2.2 字符数据输入与输出

字符数据在内存中存储的是字符的 ASCII 码,其形式与整数的存储形式一样,所以 C 语言允许字符型数据与整型数据之间通用。

1. 字符输出函数 putchar( )

调用 putchar()函数的语句格式如下:

putchar (c);

【功能】 在屏幕上输出一个字符,其中 c 为字符型或整型变量。

【说明】 putchar()函数的参数是待输出的字符或其 ASCII 码,也可以是变量、表达式、转义字符等。

【例 3-5】 在屏幕上输出"YES"和换行符。

```c
#include <stdio.h>
void main()
{
    char ch1,ch2,ch3;
    ch1 ='Y';
    ch2 ='E';
    ch3 ='S';
    putchar (ch1);
    putchar (ch2);
    putchar (ch3);
    putchar ('\n');
}
```

程序运行结果如图 3-5 所示。

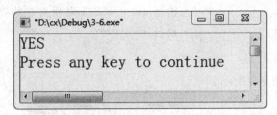

图 3-5　例 3-5 运行结果

【例 3-6】 分析下面程序的运行结果。

```c
#include < stdio.h >
void main()
{
    int ch = 65;
    putchar(ch);     /* 输出字符'A' */
    putchar(66);     /* 字符'B'的 ASCII 码是 66 */
    putchar('\n');   /* 换行 */
}
```

例 3-6

程序中调用 putchar()函数输出整型变量、整型常量时,按字符的 ASCII 码处理。put-char()函数还可以输出控制字符,起控制作用,如 putchar('\n')起换行作用。程序运行结果是输出 AB 并换行。

2. 字符输入函数 getchar( )

调用字符输入函数的格式如下:

getchar();

【功能】 返回从键盘读取的一个字符。

一般将 getchar()的值赋给一个字符型变量,如 ch = getchar ();

【说明】 用 getchar()函数从键盘读取字符时,键盘输入的任何字符都认为是有效字符,因此若连续执行 getchar()函数,则不应该在输入字符之间输入分隔符。

【例 3-7】 从键盘输入一个小写字母,输出对应的大写字母。

分析:字母在内存中以 ASCII 码存储,且小写字母的 ASCII 码值比对应的大写字母的 ASCII 值大 32。

```c
#include < stdio.h >
void main()
{
    char ch;
    printf("请输入一个小写字母后打回车:\n");
    ch = getchar();          /* 将键盘输入的字符的 ASCII 码赋给变量 ch */
    ch = ch - 32;            /* 将 ch 中的值减 32 */
```

例 3-7　运行视频

```
    printf("对应的大写字母是:");
    putchar(ch);                    /* 输出 ch 中 ASCII 码所对应的字符 */
    putchar('\n');                  /* 换行 */
}
```

程序运行结果如图 3-6 所示。

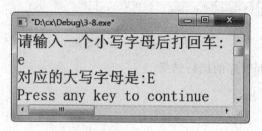

图 3-6　例 3-7 的运行结果

3.3　顺序程序设计

我们前面接触到的程序有一个共同的特点,即程序中的所有语句都是从上至下顺序执行的,这样的程序结构称为顺序结构。顺序结构是程序开发中最常用的一种结构,在顺序结构中任何事情都是按部就班地进行的,不会中途出现放弃或者跳转的情况。其流程图如图 3-7 所示。

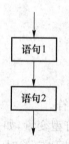

图 3-7　顺序结构

【例 3-8】　顺序结构程序示例,语句的执行完全按先后次序顺序执行。

```
#include < stdio.h>
void main()
{
    char ch = 'a';                          /* 语句 1 */
    printf("见证奇迹的时候到了! \n");        /* 语句 2 */
    ch = ch - 32;                           /* 语句 3 */
    printf("%c\n",ch);                      /* 语句 4 */
    printf("感到神奇就加入 C 语言吧! \n");   /* 语句 5 */
}
```

在例 3-8 的程序中,按语句 1~5 的顺序,从上往下依次执行。将小写字符转换成大写字符,并用 printf()语句输出。程序运行结果如图 3-8 所示。

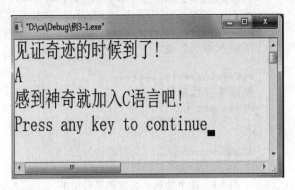

图 3-8　例 3-8 的运行结果

3.4　图书管理系统案例

1. 问题陈述

根据读者借阅图书的数量,输出图书剩余库存量。

2. 输入输出描述

输入数据:图书借阅数量。

输出数据:图书剩余库存数量。

3. 源代码

```
/* Author:《程序设计基础(C)》课程组

* Discription:已知借阅数量,输出图书剩余库存数量 */
#include < stdio.h >
#define STORAGE 100   /* STORAGE 为库存量 */
void main()
{
    int   m,borrow;   /* m 是剩余库存量 */
    printf("图书原库存数量:%d\n",STORAGE);
    printf("********************:\n");
    printf("请输入借书数量:\n");
    scanf("%d",&borrow);
    m = STORAGE - borrow;
    printf("********************:\n");
    printf("剩余库存数量是 %d.\n",m);
}
```

程序运行结果如图 3-9 所示。

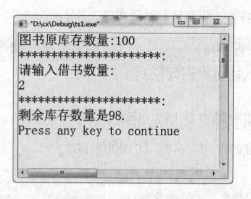

图 3-9　图书管理系统案例运行结果

本 章 小 结

本章主要介绍顺序结构程序设计的方法。通过本章的学习,大家要了解 C 语句的概述及分类、数据输入输出函数的格式及功能,并初步领悟计算思维理念,培养可以解决简单问题的程序设计能力。

习　题　3

1. 选择题

(1) 结构化程序设计的 3 种基本结构是(　　)。

A. 顺序结构、分支结构、判断结构

B. 递归结构、嵌套结构、循环结构

C. 顺序结构、选择结构、循环结构

D. 分支结构、循环结构、嵌套结构

(2) 语句"printf("%d%d",10,20);"输出的结果是(　　)。

A. 10 20　　　　　　　B. 10,20　　　　　　　C. 1020　　　　　　　D. 20 10

(3) 以下程序的运行结果是(　　)。

```
int a = 1234;
printf("%2d\n",a);
```

A. 12　　　　　　　　　　　　　　　　　B. 34

C. 1234　　　　　　　　　　　　　　　　D. 提示出错,无结果

(4) 语句"printf("x = %7.2f\n",1234.567);"输出的结果是(　　)。

A. x = 1234.567　　　　　　　　　　　　B. x = 1234.567000

C. x = 1234.56　　　　　　　　　　　　　D. x = 1234.57

(5) 数字字符'0'的 ASCII 码为 48,若有以下程序,运行结果是(　　)。

```
#include < stdio.h >
```

```
void main()
{
    char a = '1',b = '2';
    printf("%c,",b++);
    printf("%d\n",b-a);
}
```

A. 3,2   B. 2,2   C. 50,2   D. 2,50

2. 填空题

(1) C语言程序中的格式化输出函数名是_____,格式化输入函数名是_____。

(2) 在计算机中,每一个字符型数据都对应一个_____。

(3) 符号"&"是_____运算符,"&a"是指_____。

(4) 程序中的语句由上往下依次执行的是_____结构语句。

(5) 以下程序的运行结果是_____。

```
void main()
{
    int i = 010;
    int j = 10;
    int k = 0x10;
    printf("%d,%d,%d\n",i,j,k);
}
```

3. 编程题

(1) 编写 C 程序,输出以下信息:

```
************************
    hello world!
************************
```

(2) 接收一名学生的数学、外语和计算机 3 科成绩,并输出总分 sum 和平均分 average (结果保留两位小数)。

(3) 使用 scanf()函数接收两个字符型变量,并输出相应的字符及 ASCII 码。

第4章 选择结构程序设计

【学习目标】

- 掌握 if 语句和 switch 语句的使用
- 掌握选择嵌套程序设计
- 掌握选择结构程序应用

实际生活中经常需要做出判断和选择,在十字岔路口,向左走还是向右走?周末是去郊游还是看电影?如果考试不及格,则要补考……同样,在 C 语言程序中也需要根据条件作出判断,从而决定执行哪一段代码,这时就需要使用选择结构。选择结构又称为分支结构,包括单分支结构、双分支结构和多分支结构,通过 if 语句或 switch 语句实现。

4.1 if 条件语句

if 条件语句分为 3 种基本形式,每一种形式都有其自身的特点,下面分别进行讲解。

4.1.1 if 语句

这是单分支结构,其一般形式如下:

if(表达式) 语句;

如果表达式成立,就执行相应的语句,流程图如图 4-1 所示。例如,如果某学生的《大学计算机》科目期末成绩大于 80 分,那么就可以获得一张奖励通知书。上述这句话可以通过下面的伪代码描述。

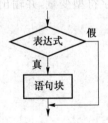

图 4-1 语句执行流程图

如果《大学计算机》成绩大于 80 分
　获得奖励通知书

在上面的伪代码中,"如果"相当于 C 语言中的关键字 if,"《大学计算机》成绩大于 80

分"是判断条件,需要用圆括号括起来,"获得奖励通知书"是执行语句,需要放在大括号{}中。修改后的伪代码如下:

```
if (《大学计算机》成绩大于80分)
{
    获得奖励通知书
}
```

接下来通过案例来学习 if 语句的具体用法。

【例 4-1】 求数的平方根。

输入一个数,如果该数大于等于 0,则输出它的平方根;如果该数小于 0,则不做任何处理。

```
#include < stdio.h >
#include < math.h >
void main()
{
    float x;
    printf("请输入 x 的值:");
    scanf("%f",&x);
    if(x >= 0)
        printf("x 的平方根是:%.2f\n",sqrt(x));
}
```

例 4-1 运行视频

程序运行结果如图 4-2 所示。

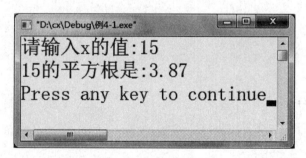

图 4-2 例 4-1 的运行结果

【例 4-2】 输入两个整数,求两者中的最大数。

```
#include < stdio.h >
void main( )
{
    int a,b,max;
    printf("input two numbers:\n");
    scanf("%d%d",&a,&b);
```

```
    max = a;                    //假设 a 为大数
    if (max < b) max = b;       //如果 a 不为大数,则 b 是大数
    printf("max = % d\n",max);
}
```

在本例程序中,输入两个数 a、b。首先假设 a 为大数,赋予变量 max,再用 if 语句比较 max 与 b 的大小。如果 max 小于 b,则把 b 赋予 max。最后输出 max 的值。运行结果如图 4-3 所示。

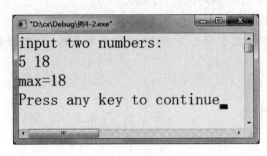

图 4-3　例 4-2 的运行结果

4.1.2　if…else 语句

这是双分支结构,其具体语法格式如下:

```
if (表达式)
{
    执行语句 1;
    …
}
else
{
    执行语句 2;
    …
}
```

if…else 语句是指如果满足表达式的值,就执行相应的处理,否则执行另一种处理。该流程图如图 4-4 所示。

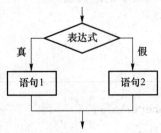

图 4-4　if…else 语句执行流程图

【例 4-3】　输入一个数,判断奇偶并输出。

```c
#include <stdio.h>
void main()
{
    int num;
    printf("请输入一个数:");
    scanf("%d",&num);
    if(num%2==0)                    //判断条件成立,num 被 2 整除
    {
        printf("%d 是一个偶数\n",num);
    }
    else
    {
        printf("%d 是一个奇数\n",num);
    }
}
```

例 4-3　运行视频

在本例程序中,输入 num 的值。如果 num 模 2 的结果为 0,则执行 if 后面的打印语句,否则执行 else 后面的打印语句。程序运行结果如图 4-5 所示。

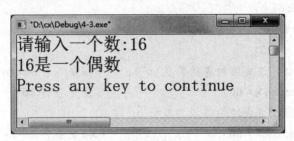

图 4-5　例 4-3 的运行结果

4.1.3　if…else if 语句

这是多分支结构,常用于对多个条件进行判断,从而进行多种不同的处理。其具体语法格式如下:

```
if(表达式 1)  语句块 1
else  if(表达式 2)  语句块 2
…
else  if(表达式 n)  语句块 n
else 语句块(n+1)
```

具体执行过程是:依次判断 if 后表达式的值,如果为真,则执行其后的语句块,并跳过其他语句块。如果没有一个表达式的值为真,则执行最后一个 else 中的语句块(n+1)。无

论哪个语句块执行完后都直接退出 if 多分支结构。流程图如图 4-6 所示。

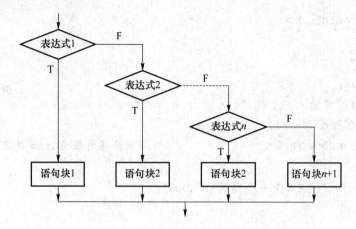

图 4-6　if…else if 语句执行流程图

【例 4-4】　对学生的考试成绩进行等级划分。90 分以上(包括 90 分)为优;80 分至 89 分为良好;60 分至 79 分为中;60 分以下为差。

```c
#include<stdio.h>
void main()
{
    float score;
    scanf(" %f",&score);              //输入学生成绩
    if(score>=90)
        printf("该成绩的等级为优\n");    //满足条件 score>=90
    else if(score>=80)                //满足条件 80<=score<90
        printf("该成绩的等级为良好\n");
    else if(score>=60)                //满足条件 60<=score<80
        printf("该成绩的等级为中\n");
    else
        printf("该成绩的等级为差\n");    //满足条件 score<60
}
```

例 4-4　运行视频

程序运行时若输入 85.6,则运行结果如图 4-7 所示。

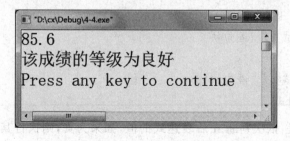

图 4-7　例 4-4 的运行结果

4.1.4 if 条件语句的嵌套

对于多分支的选择结构可以通过 if 条件语句的嵌套加以实现,即在 if 或 else 的分支下包含另一个 if 语句或 if...else 语句。其一般形式如下:

```
if(表达式 1)
    if(表达式 2)
        语句块 1
    else
        语句块 2
else
    if(表达式 3)
        语句块 3
    else
        语句块 4
```

具体执行过程是:若表达式 1 的值为真,则判定表达式 2 的值,决定执行语句块 1 还是语句块 2;否则判定表达式 3,决定执行语句块 3 还是语句块 4。无论哪个语句块执行完后都直接退出 if 嵌套结构。

注意:C 语言规定 if 语句的嵌套遵循"就近原则",即 else 总是与其前面最近的尚未配对的 if 结合。为清晰可见,书写语句时缩进要尽量对齐。

【例 4-5】 if 的配对原则。

```
if(a)
    if(b)
        x = x + 1;
else y = y + 1;
```

根据 else 的就近配对原则,代码段里的 else 是和后一个 if 配对的。

4.2 switch 条件语句

用 if...else...if 条件语句可以实现多分支选择,但如果分支较多,会使程序变得冗长,可读性降低。C 语言中提供了专门处理多分支情况的 switch 语句(也称开关语句),可根据 switch 中表达式的不同值判断执行哪一分支。

switch 语句的一般格式如下:

```
switch(表达式)
{
    case 常量表达式 1:
        语句块 1
        [break;];
```

```
case 常量表达式 2：
    语句块 2
    [break;];
......
case 常量表达式 n：
    语句块 n
    [break;];
default：
    语句块 n+1
}
```

switch 语句将表达式的值与每个 case 中常量表达式的值进行匹配,如果找到了匹配的值,就会执行相应 case 后的语句块,否则执行 default 后的语句块。case 后 break 的作用是跳出整个 switch 结构,break 语句可以省略。如果某 case 后省略了 break 语句,程序将会顺序执行其后的其他语句块。关于 break 关键字我们将在第 5 章中做具体介绍。

【说明】
（1）switch 后面表达式的值只能是整型、字符型或枚举型数据。
（2）case 后只能是常量或常量表达式,其值必须互不相同。
（3）case 和 default 出现的次序不影响选择结果。
（4）若多个 case 后的执行语句是一样的,则该执行语句只需书写一次即可。
（5）所有的语句块都不需要带"{}"。

【例 4-6】 用 switch 语句改写例 4-4 中的程序。

分析:设 score 为整型变量,在 score≥90 的范围内,score 可取 90,91,…,99,100 等数值。若把这些值都列出来,十分烦琐。我们可以采取简单策略,利用整数相除结果自动取整的特性,将 score 与 10 相除。当 score≥90 时,score/10 只可能取 9 和 10 两个值。

```c
#include < stdio.h>
void main()
{
    int grade,score;
    printf("请输入合法的分数(大于等于 0 并且小于等于 100):\n");
    scanf("%d",&score);              //输入学生成绩
    grade = score/10;
    switch(grade)
    {
        case 10:                        //与 case 9 共用同一条语句
        case 9: printf("该成绩的等级为优\n"); break;   //满足条件 score >= 90
        case 8: printf("该成绩的等级为良好\n");break;
        case 7:
        case 6: printf ("该成绩的等级为中\n");break;
```

```
        default:printf("该成绩的等级为差\n");break;
    }
}
```

程序运行时若输入85,则运行结果如图4-8所示。

```
"D:\cx\Debug\4-6.exe"
请输入合法的分数(大于等于0并且小于等于100):
85
该成绩的等级为良好
Press any key to continue
```

图4-8　例4-6的运行结果

【例4-7】　实现一个简单的动物识别专家系统。该系统可以根据一些特征识别哺乳动物和鸟类,也可以识别金钱豹、老虎、信天翁和企鹅这几种动物。

分析:专家系统就是让计算机具有人类专家的知识、经验和技能,能够像人类专家一样解决实际问题。本系统中,通过对用户的提问,识别出2类物种、4种动物。以下6条规则为计算机已经掌握的知识。

例4-7　运行视频

规则1:if该动物有毛发then该动物是哺乳动物。

规则2:if该动物有羽毛then该动物是鸟类。

规则3:if该动物是哺乳动物and是黄褐色and身上有暗斑点then该动物是金钱豹。

规则4:if该动物是哺乳动物and是黄褐色and身上有黑色条纹then该动物是虎。

规则5:if该动物是鸟类and善飞then该动物是信天翁。

规则6:if该动物是鸟类and不会飞and会游泳and是黑白二色then该动物是企鹅。

以上只包含简单规则,想要功能更完善,我们可以添加更多精确的规则。

```c
#include<stdio.h>
#include<stdlib.h>
void main()
{
    int kinds = 0,x1 = 0,x2 = 0,x3 = 0;
    printf("**************动物专家识别系统****************\n");
    printf("********《程序设计基础(C)》课程组*******\n");
    printf("***********现在开始识别**************\n");
    printf("有毛发吗?\n1:YES \n0:NO\n");
    scanf("%d",&x1);
    if(x1)
        kinds = 1;
    else
    {
        printf("有羽毛吗?\n1:YES\n0:NO\n");
```

```c
        scanf ("%d",&x3);
        if(x3)
            kinds = 2;
    }
    switch(kinds)
    {
    case 1:
        printf ("******哺乳动物********\n");
        printf ("是黄褐色吗？\n1:YES \n0:NO \n");
        scanf ("%d" ,&x1);
        printf ("身上有暗斑点吗？\n1:YES\n0:NO\n");
        scanf ("%d",&x2);
        if (x1&&x2)
            printf ("******该动物是金钱豹*********\n");
        else
        {
            printf ("有黑条纹吗？\n1:YES\n0:NO\n");
            scanf ("%d",&x3);
            if (x1&&x3)
                printf ("*********该动物是虎*********\n");
            else
                printf ("*****该动物不是金钱豹也不是虎*****\n");
        }

        break;
    case 2:
        printf ("*********鸟**********\n");
        printf ("善飞吗？\n1:YES \n0:NO\n");
        scanf("%d",&x1);
        if (x1)
            printf("***********该动物是信天翁**********");
        else
        {
            printf ("会游泳吗？\n1:YES\n0:NO\n");
            scanf ("%d" ,&x2);
            printf ("是黑白二色吗？\n1:YES\n0:NO\n");
            scanf ("%d" ,&x3);

            if (x2 && x3)
```

```
                    printf ("*********** 该动物是企鹅 *********** \n");
            else
                    printf ("***** 该动物不是信天翁,也不是企鹅 ***** \n");
            }
        break;
    default:
        printf ("***** 不是哺乳动物也不是鸟。请等待系统升级 ***** \n");
            }
}
```

程序运行时若依次回答问题,则运行结果如图 4-9 所示。

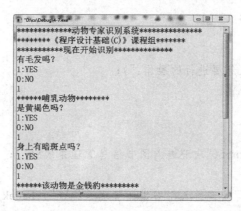

图 4-9　例 4-7 的运行结果

4.3　图书管理系统案例

1. 问题陈述

按照用户输入的操作,选择显示不同的界面。若输入数字 1,则进入图书信息管理界面,并显示图书的编号、名称、作者、单价和库存数量信息;若输入数字 2,则进入图书借阅管理欢迎界面;若输入数字 3,则进入图书归还管理欢迎界面;若输入数字 4,则进入修改图书信息欢迎界面;若输入数字 0,则退出系统;若输入其他数字,则提示用户重新输入。

2. 输入输出描述

输入数据:某数字。

输出数据:相应的欢迎界面。

3. 源代码

```
/ * Author:《程序设计基础(C)》课程组

* Discription:用户输入某种操作,输出相应的欢迎界面 * /
# include < stdio. h >
# define STORAGE 100    / * STORAGE 为库存量 * /
void menu()
```

```
{
    printf("\t 图书借阅指南\n");
    printf(" ******************************* \n");
    printf("     1.图书信息管理\n");
    printf("     2.图书借阅管理\n");
    printf("     3.图书归还管理\n");
    printf("     4.修改图书信息\n");
    printf("     0.退出系统\n");
    printf(" ******************************* \n");
}
void choice()
{
    int i,n;
    printf("请输入您要进行的操作:");
    scanf("% d",&n);
    switch(n)
    {
        case 1:printf("欢迎进入图书信息管理系统\n");
        break;
    case 2:printf("欢迎进入图书借阅管理系统\n");break;
    case 3:printf("欢迎进入图书归还管理系统\n");break;
    case 4:printf("进入修改图书信息系统\n");break;
    case 0:printf("退出\n");break;
    default:printf("请重新输入(0-4)\n"); menu();choice();
    }
}
main()
{
    menu();
    choice();
}
```

程序运行结果如图 4-10 所示。

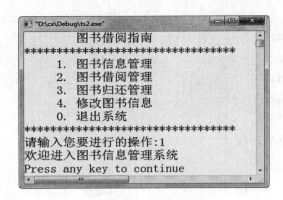

图 4-10 图书管理系统案例运行结果

本 章 小 结

本章主要介绍选择结构程序设计的方法。通过本章的学习,大家要了解 if 语句和 switch 语句的形式及执行过程,并初步掌握计算思维方法,提高程序设计能力。

习 题 4

1. 选择题

(1) 以下选项中,哪个不属于 switch 语句的关键字?( )

A. break   B. case   C. for   D. default

(2) 设有变量定义"int x = 10,y = 20,z = 30;",则执行语句"if(x > y) z = x;x = y;y = z;"后,x、y、z 的值是( )。

A. $x=10,y=20,z=30$ B. $x=20,y=30,z=30$

C. $x=20,y=10,z=10$ D. $x=20,y=30,z=20$

(3) 若 $n=3$,则以下程序的运行结果是( )。

```
if(n <= 0)
    printf(" * * * * ");
else
    printf(" # # # # ");
```

A. ****   B. ####

C.   ####   D. 提示出错,无结果

(4) 以下程序的运行结果是( )。

```
main()
{
    int m = 2,n = 0;
    switch(m)
```

```
{
case 1:n+=m;
case 2:n=4;
case 3:n+=m;
default:break;
}
printf("%d\n",n);
}
```

A. 0   B. 4   C. 6   D. $x=7$

2. 填空题

(1) C 语言中用_____表示逻辑真,用_____表示逻辑假。

(2) 选择结构可通过_____语句和_____语句实现。

(3) switch 语句中,case 后只能为_____。

(4) 以下程序用于判断 a、b、c 能否构成三角形。若能则输出"YES",否则输出"NO"。确定 a、b、c 能构成三角形的条件是需同时满足条件:$a+b>c$,$a+c>b$ 和 $b+c>a$,请填空。

```
# include <stdio.h>
void main()
{
    float a,b,c;
    scanf("%f%f%f",&a,&b, &c);
    if(_____)
        printf("YES\n");
    else
        printf("NO\n");
}
```

3. 编程题

(1) 编写程序,实现对奇数和偶数的判断。

(2) 编写程序,根据 x 的数值,求出相应 y 的值。

$$y=\begin{cases} x^2+1, & x>0, \\ 0, & x=0, \\ -x^2+1, & x<0。 \end{cases}$$

(3) 输入某年某月某日,判断这一天是这一年的第几天。

第 5 章　循环结构程序设计

【学习目标】

- 掌握 while 语句、do…while 语句和 for 语句的使用
- 掌握 break 语句和 continue 语句的使用
- 掌握循环结构的嵌套
- 掌握循环结构程序应用

实际生活中我们经常反复执行某一过程,比如,走路时重复使用左右脚;打乒乓球时,重复挥拍的动作等。同样在 C 语言中,也经常需要重复执行同一代码块,这时就需要使用循环语句。其中,重复执行的代码块称为循环体。循环语句分为 for 循环语句、while 循环语句和 do…while 循环语句 3 种。在循环语句中,我们关心循环从何时开始,重复执行什么动作,何时结束,这分别对应着循环变量的初值、循环体和循环结束条件。

5.1　for 循环语句

5.1.1　语句格式

for 循环语句通常用于循环次数事先能确定的情况,其具体语法格式如下:

for(表达式 1;表达式 2;表达式 3)
{
　　循环体
}

其中,表达式 1 表示初始化表达式,用于对循环控制变量赋初值;表达式 2 表示循环条件;表达式 3 表示操作表达式(增量或减量表达式),用于更新循环变量的值;循环体表示需要重复执行的代码块,当循环体中只有一条语句时可以去掉大括号。

for 语句的流程图如图 5-1 所示,执行过程如下。

(1) 计算表达式 1 的值。

(2) 判断表达式 2 的值,若为假(0),则结束循环,转向步骤(4);若为真(非 0),则执行循环体,然后转向步骤(3)。

(3) 计算表达式 3 的值,转回步骤(2)继续执行。

(4) 循环结束,执行 for 循环之后的语句。

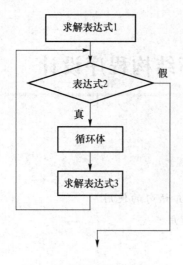

图 5-1　for 循环执行流程图

例 5-1　运行视频

【例 5-1】　计算 sum＝1＋2＋3＋…＋100 的值。

【分析】　此题可用循环程序来解决,通过 for 语句计算 1＋2＋3＋…＋100。循环控制变量 i 初值为 1,循环条件是 $i≤100$,增量表达式为"i＋＋"。

```c
#include<stdio.h>
void main()
{
    int i, sum;
    sum = 0 ;
    for ( i= 1;i<=100;i++)
    {
        sum = sum + i;
    }
    printf ("sum=%d\n",sum);
}
```

程序运行结果如图 5-2 所示。

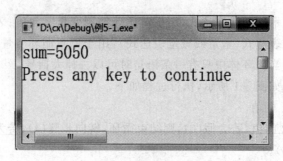

图 5-2　例 5-1 的运行结果

【例 5-2】 计算正整数 $n!$,其中 n 的值由用户输入。

【分析】 $n!=1\times2\times\cdots\times n$。设置变量 fac 为累乘器(被乘数),初值为 1,存放 $n!$ 的值; i 为乘数,兼作循环控制变量。由于阶乘的值增长很快,为防止溢出,fac 定义为 long 类型。

程序代码如下:

```
♯include < stdio.h>
void main()
{
    long fac = 1;
    int i, n;
    printf("请输入 n 的值:\n");
    scanf(" % d",&n);
    for (i = 1;i < = n;i + +)
    {
        fac = fac * i;
    }
    printf (" % d!= % ld\n",n,fac);
}
```

程序运行结果如图 5-3 所示。

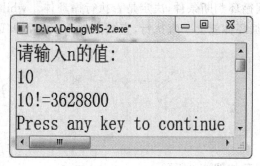

图 5-3 例 5-2 的运行结果

5.1.2 for 语句的变形

for 语句基本格式中的"表达式 1""表达式 2"和"表达式 3"都可以省略,但其后的分号不能省略。

如果在 for 语句前给循环变量赋了初值,则表达式 1 可以省略。对于例 5-1,其循环语句可以写成如下形式:

```
i = 1;                    /*在 for 语句前给循环变量赋初值*/
for (   ;i < = 100;i + +)
{
    sum = sum + i;
}
```

如果循环体中有中断循环的语句,则表达式2可以省略。但要慎用,否则会造成循环体无限循环。对于例5-1,其循环语句可以写成如下形式:

```
for(i=1; ;i++)
{
    if(i>100) break;    /* 中断循环的语句 */
    sum=sum+i;
}
```

如果循环体中有修改循环控制变量的语句,则表达式3可以省略。对于例5-1,其循环语句可以写成如下形式:

```
for(i=1;i<=100; )
{
    sum=sum+i;
    i++;
}
```

5.2　while 循环语句

while 循环语句根据循环判断条件,决定是否执行循环体。while 语句会反复地进行条件判断,只要条件成立,循环体就会一直执行,直到条件不成立,while 循环才会结束。其具体语法格式如下:

```
while(循环条件)
{
    循环体
}
```

while 循环的执行流程如图 5-4 所示。

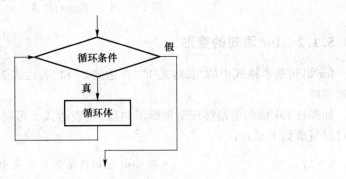

图 5-4　while 循环执行流程

【例 5-3】　用 while 语句实现打印 10 个"＊"。

```
#include<stdio.h>
```

```
void main()
{
    int i = 0;
    while(i < 10)
    {
        putchar('*');
        i++;

    }
    printf("\n");
}
```

程序运行结果如图 5-5 所示。

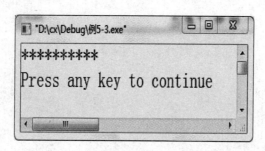

图 5-5　例 5-3 的运行结果

5.3　do…while 循环语句

do…while 循环语句和 while 循环语句功能类似,二者的不同之处在于 while 语句先判断循环条件,然后根据判断结果决定是否执行循环体,而 do…while 循环语句先执行循环体再判断循环条件,其具体语法格式如下:

```
do
{
    执行语句
} while（循环条件）;
```

do 后面的语句是循环体,while 后面的表达式为循环控制条件。do…while 循环语句将循环控制条件放在了循环体的后面,意味着循环体会无条件执行一次,然后再根据循环条件决定是否继续执行循环体。

do…while 循环的执行流程如图 5-6 所示。

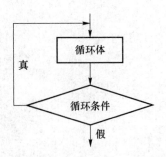

图 5-6　do…while 循环的执行流程图

【例 5-4】　用 do…while 语句重写例 5-3 的程序。

```c
#include<stdio.h>
void main()
{
    int i = 0;
    do
    {
        putchar('*');
        i++;

    }while(i<10);
    printf("\n");
}
```

do…while 循环执行的结果仍然是输出 10 个"*"。

【思考】　如果将循环控制条件改为 while($i<0$)，例 5-3 和例 5-4 会有什么样的区别？为什么会有这样的区别？

这也正说明了 while 循环和 do…while 循环的不同之处。如果循环控制条件在循环语句开始时就不成立，那么 while 循环的循环体一次都不会执行，而 do…while 循环的循环体会执行一次，所以例 5-4 会打印一个"*"，而例 5-3 一个"*"都不会打印。

注意：循环控制变量必须在循环体内有所改变，循环才能结束，否则会造成死循环。例如：

```c
i = 0
while(i<10)
    putchar('*');
i++;
```

这个循环永远不会结束，因为"i++;"语句不属于循环体中的语句，循环控制变量没有在循环体内被改变。

5.4　循环结构的嵌套

有时为了解决一个较为复杂的问题,需要在一个循环中再定义一个循环,这样的方式被称作循环嵌套。在 C 语言中,for、while、do … while 循环语句都可以进行嵌套,并且它们之间也可以互相嵌套。其中 for 循环嵌套是最常见的循环嵌套,其具体语法格式如下:

```
for(表达式 1;表达式 2;表达式 3)
{
    …
    for(表达式 1;表达式 2;表达式 3)
    {
        循环体
    }
    …
}
```

内循环｝外循环

循环嵌套结构的执行过程是,执行外循环的循环体时,若遇到内循环,应将内循环的循环体全部结束后再接着执行下一次的外循环,直到外循环也全部结束。

【例 5-5】　使用循环嵌套打印九九乘法表。

```
#include<stdio.h>
void main()
{
    int i, j; /*定义两个循环变量*/
    for(i = 1; i<= 9; i++)/*外层循环*/
    {
        for (j = 1;j<= i;j++)/*内层循环*/
        {
            printf ("%d*%d=%2d",i,j,i*j);
        }
        printf ("\n");
    }
}
```

例 5-5　运行视频

程序运行结果如图 5-7 所示。

在例 5-5 中定义了两层 for 循环,分别为外层循环和内层循环,外层循环用于控制打印的行数,内层循环用于控制每一行有几列。

代码中定义了两个循环变量 i 和 j,其中 i 为外层循环变量,j 为内存循环变量。当 i 为 1 时,内层循环执行 1 次,在第 1 行打印 1 列相乘结果“1*1=1”。内层循环结束时会打印换行符。当 i 为 2 时,内层循环执行 2 次,在第 2 行打印 2 列相乘结果“2*1=2 2*2=4”。以此类推,在第 3 行打印 3 列相乘结果……直到 i 的值为 10,外层循环判断条件“i<=9”的

结果为假,外层循环结束,整个程序即结束。

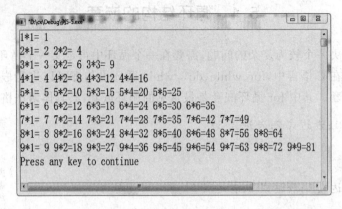

图 5-7 例 5-5 的运行结果

5.5 break 和 continue 语句

5.5.1 break 语句

在 switch 条件语句和循环语句中都可以使用 break 语句。当它出现在 switch 条件语句中时,其作用是终止某个 case 并跳出 switch 结构。当它出现在循环语句中时,其作用是跳出当前循环语句,执行后面的代码。接下来,通过一个具体的案例来演示 break 语句如何跳出当前循环。

【例 5-6】 break 语句的使用。

例 5-6 运行视频

```c
# include < stdio. h >.
void main()
{
    int x = 1;
    while (x <= 4)
    {
        printf("x = % d\n",x);
        if (x == 3)
        {
            break;
        }
        x ++;
    }
}
```

程序运行结果如图 5-8 所示。

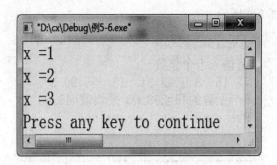

图 5-8 例 5-6 的运行结果

在例 5-6 中，通过 while 循环打印 x 的值，当 x 的值为 3 时，使用 break 语句跳出循环。因此打印结果中并没有出现"x = 4"。

注意：break 语句不能用于循环语句和 switch 之外的任何其他语句。

5.5.2 continue 语句

在循环语句中，如果希望立即终止本次循环，并执行下一次循环，此时就需要使用 continue 语句，它又被称为继续语句。

【例 5-7】 求输入的 10 个整数中正数的个数及正数的平均值。

例 5-7 运行视频

```c
#include < stdio.h>.
void main()
{
    inti,num = 0,x;
    float ave,sum = 0;
    printf("请输入十个整数:\n");
    for(i = 0;i < 10;i + + )
    {
        scanf("%d",&x);
        if(x < = 0) continue;          /* 如果为负数,结束本次循环 */
        num + + ;
        sum + = x;
    }
    if(num < = 0)
        printf("无正数,请重新输入! \n");
    else
    {
        ave = sum/num;
        printf("%d个正数的和 = %.0f,平均值 = %.2f\n",num,sum,ave);
    }
}
```

程序运行结果如图 5-9 所示。

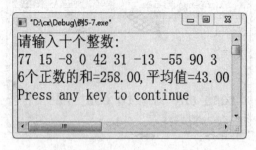

图 5-9 例 5-7 的运行结果

本例中,当 x 的值为负数时,将执行 continue 语句结束本次循环,进入下一次循环;当 x 的值为正数时,num 和 sum 进行累加,最终得到正数的个数以及所有正数的和。

5.5.3 break 和 continue 的区别

(1) break 终止当前循环,执行循环体外的第一条语句;而 continue 终止本次循环,继续执行下一次循环。

(2) break 可用于 switch 语句,而 continue 不可以。

5.6 图书管理系统案例

1. 问题陈述

根据读者借阅图书编号及数量,按原书总价的 1% 计算总费用。

2. 输入输出描述

输入数据:图书借阅编号及数量。

输出数据:总费用。

3. 源代码

```
/* Author:《程序设计基础(C)》课程组

* Discription:用户输入某种操作,输出相应的欢迎界面 */
#include <stdio.h>
#define STORAGE 100
#define TOTAL 4    //共 4 种图书,利用 4 种不同编号加以区分
void book_borrow()
{
    int no,m,borrow;                //no 是图书编号,m 是剩余库存量
    float unitprice,price,pay = 0;  //borrow 是借阅数量,pay 是总费用
    char c;                         //键盘输入符号
    printf("欢迎进入图书借阅管理系统\n");
    printf("*****************************\n");
    for(;;)
```

```
    {
        no = 0;
        unitprice = 0;
        price = 0;
        printf("继续借书吗？(Y or N)");
        c = getchar();
        if((c == 'Y')||(c == 'y'))
        {
            for(;;)
            {
                printf("请输入图书编号:");
                scanf("%d",&no);
                if((no < 1)||(no > TOTAL))
                    printf("输入图书编号错误！\n");
                else
                    break;
            }
            printf("请输入借书数量:");
            scanf("%d",&borrow);
            printf("***************************** \n");
            switch(no)
            {
                case 1:unitprice = 10;break;
                case 2:unitprice = 20;break;
                case 3:unitprice = 30;break;
                case 4:unitprice = 40;break;
                default:break;
            }
            price = unitprice * borrow;
            pay = pay + price;
            c = getchar();
        }
        else
            if((c == 'N')||(c == 'n'))
                break;
    }
    printf("收取原书总价%.2f的百分之一费用,共收取%.2f元:\n",pay,pay * 0.01);
}
void main()
```

```
{
    book_borrow();
}
```

程序运行结果如图 5-10 所示。

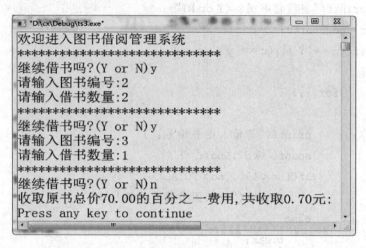

图 5-10　图书管理系统案例运行结果

本 章 小 结

本章主要介绍循环结构程序设计的方法。通过本章的学习，同学们要了解循环语句的格式及执行过程，掌握用计算机求解重复问题的思维方式，为后面章节的学习奠定基础。

习 题 5

1. 选择题

（1）以下程序段的循环次数是（　　）。

for(i = 2;i == 0;) printf("% d",i--);

A. 无限次　　　　　　B. 0 次　　　　　　C. 1 次　　　　　　D. 2 次

（2）下列语句属于循环语句的是（　　）。

A. for 语句　　　　　B. if 语句　　　　　C. scanf 语句　　　　D. switch 语句

（3）以下选项中描述错误的是（　　）。

A. break 关键字用于跳出当前循环

B. continue 语句用于终止本次循环，执行下一次循环

C. switch 条件语句中可以使用 break 关键字

D. 循环语句必须要有终止条件，否则不能编译

（4）以下程序的运行结果是（　　）。

int x = 1;

```
int y = 2;
if (x % 2 == 0)
{
    y++;
}
else
{
    y--;
}
printf("y = %d",y);
```

A. 1 　　　　　　　 B. 2 　　　　　　　 C. 3 　　　　　　　 D. 4

(5) 以下程序的运行结果是( )。

```
void main()
{
    int n = 9;
    while(n > 5)
    {
        n--;
        printf("%d",n);
    }
}
```

A. 987 　　　　　　　 B. 876 　　　　　　 C. 8 765 　　　　　 D. 9 876

2. 填空题

(1) 在循环结构中,使用_____语句来跳出当前循环。

(2) do…while 语句是先执行后判断,因此至少要执行_____次循环体。

(3) 以下程序的运行结果是_____。

```
void main()
{
    int n;
    for(n = 1;n <= 10;n++)
    {
        if(n % 3 == 0)
            continue;
        printf("%d",n);
    }
}
```

(4) 以下程序的运行结果是_____。

```
void main()
{
    int i, j, m = 0;
    for(i = 1;i <= 15;i += 4)
        for(j = 3;j <= 19;j += 4)
            m ++ ;
    printf(" % d\n",m);
}
```

(5) 如果从键盘上输入"ABC",则以下程序的运行结果是_____。

```
void main()
{
    char ch;
    while((ch = getchar())!='\n')
    {
        if(ch >='A'&&ch <='Z')
            ch = ch + 32;
        putchar(ch);
    }
}
```

3. 编程题

(1) 编写程序,打印出 100~999 之间的所有"水仙花数"。所谓水仙花数是指一个 n 位数($n \geqslant 3$),其各位数字立方和等于该数本身。例如,3 位数 153 就是一个水仙花数:$153 = 1^3 + 5^3 + 3^3$。

(2) 统计输入字符中字母、数字、空格及其他字符的个数,以"♯"结束输入。

(3) 使用 for 语句打印出 1~100 中所有能同时被 4 和 6 整除的数。

(4) 编写程序,实现 $sum = 1 + 1/2 + 1/3 + 1/4 \cdots + 1/10$。

(5) 编写程序,按格式输出如下数据。

1	3	5	7	9
11	13	15	17	19
21	23	25	27	29
31	33	35	37	39

(6) 公鸡每只 5 元,母鸡每只 3 元,小鸡 3 只 1 元。问 100 元买 100 只鸡有几种买法? 各种买法的具体情况是什么?

(7) 设计一个倒计时显示器。从 1 分钟开始倒计时,每秒显示一次剩余的秒数,直到 0 秒为止。

第6章 函　数

【学习目标】

- 理解使用函数的必要性
- 掌握函数定义和函数调用的正确形式
- 掌握函数调用时的参数传递
- 掌握变量的存储方式和作用域

6.1　函数概述

编写 C 程序时,通常会把一个程序划分成几个模块,每个模块就是一个函数,即使最简单的 C 程序也必须要有唯一的一个主函数。在 C 语言程序中会用到以"main"开头的主函数,也会经常调用 C 语言提供的 scanf()函数和 printf()函数。其中 main()是根据实际任务由用户自己编写的,而 scanf()函数和 printf()函数是由 C 语言提供的库函数,只要根据需要调用即可。

每个函数用来实现一个特定的功能。一个实用的 C 语言源程序就是由若干个函数构成的,这些函数可以是 C 语言提供的库函数,也可以是由用户编写的函数。执行程序时,总是从 main()函数开始,到 main()函数结束,主函数调用其他函数,而其他函数之间相互调用。

C 语言提供了丰富的库函数,包括常用的输入输出函数、数学函数、字符和字符串函数、动态分配函数等。用户只需要掌握正确调用库函数的方法即可,根据实际操作,调用相关函数以便得到计算结果或进行指定的操作。

6.1.1　使用 include 命令行调用标准库函数

在调用每一类库函数时,要求用户在源程序开头的 include 命令行中包含相应的头文件名。例如:

♯ include < stdio. h >

在 stdio. h 头文件中对 scanf( )、printf( )、gets( )、puts( )、getchar( )、putchar( )等标准输入输出函数做出声明。

使用 include 命令行时,必须以"♯"开头,系统提供的头文件以". h"作为文件的后缀,文件名用一对双引号或一对尖括号"< >"括起来。由于 include 命令行不是 C 语句,因此不可以在末尾加分号。

6.1.2 标准库函数的调用

对标准库函数的一般调用形式如下：

函数名(实参1,实参2,……);

函数名代表着调用该函数实现的功能,参数指的是参与函数运算的数据,它可以是常量、变量或表达式。

C语言中,库函数的调用主要有两种形式。

(1)作为独立的语句完成某种操作。例如：

scanf("%d",&x);

printf("%10.2f\n",a);

(2)出现在表达式中。例如：

y = sin(x) + x;

for(a = 1;scanf("%d",&b),a = b;printf("%d",a));

【说明】 各个函数名、参数的类型和个数、函数值的类型必须与函数原型保持一致。

6.2 函数定义和返回值

C语言虽然提供了丰富的库函数,但这些函数不可能满足每个用户的所有需求,大量的函数还需要用户自己编写。对于用户自定义的函数,在调用之前需要先按其实现的功能进行定义。

6.2.1 函数定义

(1)C语言函数定义的一般形式如下：

类型名 函数名(类型名 形参1,类型名 形参2,……) /* 函数的首部 */
{
        说明部分   /* 函数体 */
        语句部分
}

函数定义包括函数首部和函数体两部分。函数首部由函数名、函数类型和形参列表组成;函数体由一对大括号"{ }"及其中的语句序列组成。

(2)函数名和形参名是由用户命名的标识符。函数名用来唯一标识该函数,故在同一程序中,函数名必须唯一,形参名只要在同一函数中唯一即可,不同函数中的形参可以同名。

(3)C语言规定,不能在函数内部嵌套定义函数。

(4)函数类型说明了函数返回值的类型,可以是除了数组外的任何合法的数据类型。如果在函数首部省略了函数类型,那么默认函数返回值的类型为int类型,函数首部如下：

函数名(类型名 形参1,类型名 形参2,……)

（5）除返回值类型是 int 类型之外,函数都必须先定义(或说明)后调用。

（6）如果函数只是完成某些操作,没有函数值返回,则把函数定义为 void 类型。

（7）若有多个形参,不管形参类型是否相同都必须分别说明参数类型,各参数间用逗号分隔。例如:

max(int a,int b)不能写成 max(int a,b)

（8）定义的函数可以没有形参,函数体也可以是空的。例如:

void f1( ){ }

函数体为空表示不做任何操作,但一对大括号不能省略。函数的类型为 void 说明函数无返回值,这类函数什么操作都不做,但在程序开发时作为一个虚设的部分常常也是很有用的。根据函数是否带有参数,可把函数分为有参函数和无参函数两种,若函数不带参数,函数名后的圆括号不能省略。

【例 6-1】 编写函数,找出两个数中较大的数。

```
int max(int m,int n)
{
    int t;
    t = m > n? m:n;
    return(t);
}
```

上面程序段中,定义了一个类型为 int 型,名为 max 的函数,该函数有两个类型相同的形参,函数返回值 t 的类型也是 int 型。调用函数时,主调函数将实参的值传递给形参,然后执行条件表达式,将 m 和 n 中较大的数赋值给 t,再由"return(t)"将 t 的值作为函数返回值带回到主调函数中。

【说明】 用户自定义函数时,除了形参,凡是用到的其他变量都要在函数体中的说明部分进行定义,所有这些变量(包括形参),只有在函数被调用时才临时开辟存储单元,调用结束后,这些临时开辟的存储单元全部被释放掉。这种变量称为局部变量,只在函数体内部起作用,与其他函数体内的变量互不影响,它们可以与其他函数中的变量同名。函数体的说明部分总是放在函数体中所有可执行语句的前面。上面 max()函数中的变量 t、m 和 n,在退出 max()函数后,所占的存储单元都不再存在。

6.2.2 函数的返回值

函数返回值是指调用函数时,执行函数体中的程序段所取得的并带回到主调函数的值。函数可以有返回值,也可以没有返回值。

函数的返回值一般通过 return 语句实现,一般形式如下:

return 表达式; 或 return(表达式);

执行程序时,先计算表达式的值,然后把该值带回到主调函数中,因此 return 语句中表达式的值就是所求的函数值,表达式的值的类型必须要与函数首部说明的类型一致。如果类型不一致,则以函数值的类型为准,由系统自动进行转换。

【例 6-2】 编写程序,找出两个实数中较大的数。

【分析】 比较两个实数的大小,结果也必然是实数,即函数返回值类型是实型,并有两个实型的参数,比较结束后把较大的值返回到主调函数中。

例 6-2 运行视频

```
#include<stdio.h>
float max(float m,float n)          /*定义比较的函数*/
{
    float t;
    t=m>n? m:n;
    return(t);                      /*把比较结果带回main函数*/
}
void main( )
{
    float a,b;  int c;
    printf("input a,b:");
    scanf("%f%f",&a,&b);            /*输入比较的两个实数*/
    c=max(a,b);                     /*调用max函数*/
    printf("The max is %d\n",c);
}
```

程序运行结果如图 6-1 所示。

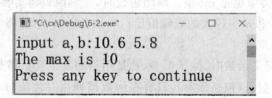

图 6-1 例 6-2 的运行结果

【说明】 执行上面程序时,主调函数 main()调用函数 max(),实参 *a*、*b* 的值传递给形参 *m*、*n*,把 *m*、*n* 中较大的值赋给 *t*,返回 *t* 的值时,由于 *t* 的类型是 float,而函数的返回类型是 int,出现类型不一致的情况,按 C 语言规定,先将 *t* 的值转换为 int 型,再作为返回值带回到主调函数中。最终,程序结果是 10,而不是 10.6。

(1)同一个函数中,为了在函数体的不同位置都能退出函数,可以使用多个 return 语句,但是 return 语句只能执行一次。程序执行到 return 语句时,流程就转到调用该函数的位置并返回函数值。

【例 6-3】 将例 6-1 中函数 max()修改为如下形式。

```
int max(int m,int n)
{
    if(m>=n)  return(m);
```

```
    else       return(n);
}
```

以上函数中虽然有两个 return 语句,但要根据条件选择执行 return(*m*)或 return(*n*)中的一个语句,return 语句只能执行一次。

(2) return 语句中可以不含表达式,这时必须定义函数为 void 类型,其作用只是使程序流程返回到主调函数,不带回确定的函数值。

(3) 函数体内也可以没有 return 语句,同样此时必须定义函数为 void 类型,程序一直执行到函数尾部的"}",然后返回到主调函数,不带回确定的函数值。

6.3　函数的调用

6.3.1　函数的调用方式

函数的一般调用形式如下:

函数名(实参 1,实参 2,……);

实参的个数和类型必须与被调函数中的形参一一对应,有多个实参时,各参数之间用逗号分隔。

如果被调函数没有形参,则调用形式如下:

函数名()　　　　　　　/ * 函数名后面的一对圆括号不能少 * /

函数调用通常有以下 3 种方式。

(1) 把函数调用作为一个独立的语句,仅进行某种操作而不返回函数值。例如:

scanf(" % d",&x);

(2) 使函数调用出现在一个表达式中,用来运算某个值,此时要求函数必须返回一个确定的值。例如:

m = max(a,b) + 10;

(3) 把函数调用作为另一个函数调用时的参数,同样要求函数必须返回一个确定的值。例如:

m = max(max(a,b),c);　　　　　　/ * 找出 a,b,c 中的最大数 * /

执行上面的语句时,第一次调用 max(*a*,*b*),把它的值作为第二次调用 max 的实参,这种调用形式称为嵌套调用。

【说明】　定义函数时函数名后面圆括号中的变量名称为"形式参数"(简称形参);在主调函数中调用函数时,函数名后面圆括号中的参数称为"实际参数"(简称实参),实参可以是常量、变量或表达式,但必须是确定的值。

6.3.2　函数调用时的语法规定

(1) 调用函数时,必须保证函数名和被调用函数名的一致。

（2）实参与形参不仅在个数上要相同，尤其注意在类型上也要按对应位置一一匹配。如果类型不匹配，实参为 float 而形参为 int，或者相反，C 编译程序则按赋值兼容的原则对函数类型进行转换；若实参和形参的类型不赋值兼容，通常不会报错，程序继续执行，只是得到的结果不正确。

（3）C 语言规定，除函数的返回值类型为 int 或 char 外，其他类型的函数必须先定义后调用，在源程序中，函数定义的位置要放在函数调用之前。如果函数的返回值类型为 int 或 char，函数的定义可以放在函数调用之后。例如：

```
float f1(float x,float y)          或者          void main( )
{                                                {
    ……                                               int a,b,m;
}                                                    ……
void main( )                                         m = f2(a,b);
{                                                    ……
    float a,b,m;                                 }
    ……                                           int f2(int x,int y)
    m = f1(a,b);                                 {
    ……                                               ……
}                                                }
```

【例 6-4】 编写程序求两个实数之和。

【分析】 两个实数相加结果肯定也是实数，sum()函数返回值类型为实型，它有两个实型的形参，由主调函数的实参向其传递值。

```
# include < stdio.h >
float sum(float m,float n)          /*定义求和函数 sum*/
{
    return(m + n);                  /*把两数之和作为函数
                                      值返回*/
}
void main( )
{
    float x,y,s;
    printf("input x,y:");
    scanf("%f,%f",&x,&y);
    s = sum(x,y);                   /*调用 sum 函数*/
    printf("x + y = %f\n",s);
}
```

例 6-4 运行视频

程序运行结果如图 6-2 所示。

【说明】 上面的程序是一个简单的函数调用，函数 sum()的作用是求两个实数之和，如果要求 3 个实数之和呢？在 sum()函数不变的情况下，只需要修改 main()函数。

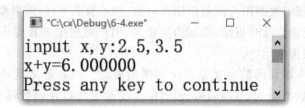

图 6-2 例 6-4 的运行结果

```
void main( )
{
    float x,y,z,s;
    printf("input x,y,z:");
    scanf("%f,%f,%f",&x,&y,&z);
    s = sum(sum(x,y),z);                /*调用 sum 函数*/
    printf("x + y + z = %f\n",s);
}
```

执行上面的语句时,对 sum()函数调用了 2 次。第一次调用 sum(x,y),求出两个实数之和,然后把它的值作为第二次调用 sum()的实参,从而求出 3 个实数之和。

6.4　函数的声明

对于用户自定义的函数,通常要遵循"先定义,后调用"的原则。凡是未在调用前定义的函数,C 编译程序会把函数的返回值类型默认为 int 型,而对于返回值是其他类型的函数,函数调用的位置出现在函数定义之前,就需要在函数调用之前对函数进行声明。

函数声明就是把将要调用的函数的函数名、函数类型、参数类型和个数告诉编译系统,以便在调用函数时编译系统能够正确识别函数并检查调用是否正确。

6.4.1　函数声明的形式

函数声明的内容包括函数名、函数类型、参数类型、个数和顺序,它与函数定义的首部(也称为函数原型)基本相同。函数声明的一般形式如下:

类型名 函数名(类型名 形参名 1,类型名 形参名 2,……)

函数定义的首部加上一个分号就是函数声明语句。函数声明中的形参名没有实际意义,可以省略,但参数类型、个数和顺序必须要和首部保持一致。例如:

float sum(float m,float n);也可以写成 float sum(float,float);

函数声明通常作为一个独立的说明语句出现在程序中,也可以出现在变量定义的语句中。例如:

float x,y,sum(float m,float n);

使用函数声明可以使 C 语言的编译系统对被调用函数进行全面的检查,对调用的合法性作出判断。若发现函数调用与函数声明不一致,如函数名不同,或者实参的个数和形参的个数不同,编译系统都会及时报错,提示语法错误,用户可根据屏幕提示的出错信息进行改正,从而保证程序的正确运行。

【说明】 函数声明和函数定义是两个不同的概念。函数定义是确立和实现函数的功能,包括函数名、函数类型、形参的名称、形参的类型和个数以及函数体,是一个独立的完整的函数单元;函数声明仅包括函数名、函数类型、形参类型和个数,没有函数体。

6.4.2　函数声明的位置

函数声明既可以放在主调函数的内部,也可以放在所有函数的外部。如放在 main()函数内部进行声明,表示只有 main()函数才能调用该函数。

【例 6-5】 编写程序,判断某数是否为素数。

【分析】 判断某数 x 是否为素数的算法是让 x 被 $2\sim x/2$ 范围内的各整数去除,若都除不尽,则是素数,否则不是素数。

```c
#include <stdio.h>
int prime(int);                      /* 对函数 prime 声明 */
void main( )
{
    nt x;
    printf("input a number: ");
    scanf("%d",&x);
    if(prime(x))                     /* 调用函数 prime */
        printf("%d is prime\n",x);
    else
        printf("%d is not prime\n",x);
}
int prime(int y)                     /* 定义函数 prime */
{   int i;
    for(i=2;i<=y/2;i++)
        if(y%i==0)  return 0;        /* 不是素数返回 0 */
    return 1;                        /* 素数返回 1 */
}
```

程序运行结果如图 6-3 所示。

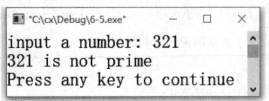

图 6-3　例 6-5 的运行结果

【说明】 在上面的程序中,对函数 prime()的声明放在所有函数的外部且被调用之前的位置,这种放在源程序文件开头位置的声明称为外部声明,外部声明在整个文件范围内都是有效的。

6.5 参 数 传 递

6.5.1 数据传递方式

在调用有参函数时,主调函数和被调函数之间会有数据的传递。数据传递的方式有以下 3 种。

(1) 实参和形参之间进行数据传递。

(2) 使用 return 语句把函数值带回到主调函数。

(3) 借助全局变量,但一般不建议使用。

调用函数时,主调函数中实参的值按对应位置单向传递给被调函数中的形参,称为按值传递,因此要求实参和形参的类型要一致或赋值兼容。

【例 6-6】 编写程序,实现数据的单向传递。

【分析】 调用函数,实参向形参传递值,交换两个形参的值,验证形参值的变化是否影响实参的值。

```
#include <stdio.h>
void f4(int,int);                        /*对函数 f4 声明*/
main()
{   int a=50,b=10;
    printf("(1) a=%d,b=%d\n",a,b);    /*输出 a,b 原来的值*/
    f4(a,b);
    printf("(4) a=%d,b=%d\n",a,b);    /*调用结束后再次输出 a,b 的值*/
}
void f4(int x,int y)                      /*定义交换函数*/
{   int z;
    printf("(2) x=%d,y=%d\n",x,y);    /*输出形参原来的值*/
    z=x;x=y;y=z;                          /*交换形参的值*/
    printf("(3) x=%d,y=%d\n",x,y);    /*输出交换以后形参的值*/
}
```

例 6-6 运行视频

程序运行结果如图 6-4 所示。

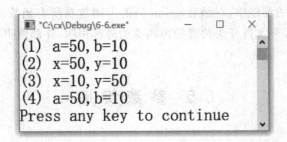

图 6-4   例 6-6 的运行结果

【说明】　实参 a 和 b 的值单向传递给对应的形参 x 和 y。在函数 f4 内部交换 x 和 y 的值,但形参值的变化不改变对应实参的值。实参和形参的数据变化如图 6-5 所示。

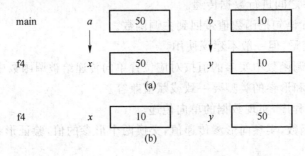

图 6-5   实参和形参的数据变化

6.5.2   函数调用的过程

分析例 6-6 中函数调用的过程,可以得出以下结论。

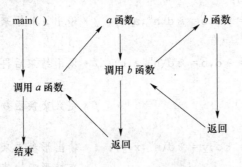

图 6-6   函数的嵌套调用

(1) 形参只有在出现函数调用时,才会被分配存储单元,函数调用结束后,释放所占用的存储单元。

(2) 函数 main() 调用 f4 函数时,实参的值要传递给形参,实参必须要有确定的值。如图 6-5 所示,a 的值传给 x,b 的值传给 y。

(3) 执行 f4 函数,分别输出形参 x 和 y 的值,以及交换以后的值。

(4) 调用结束后,释放形参占用的存储单元,实参存储单元仍保留原来的值。实参和形参在内存中占用不同的存储单元,他们之间只能进行单向的值传递,无论形参的值在函数中怎么变化都不会影响到实参。

6.6　函数的嵌套与递归

6.6.1　嵌套调用

C语言不能嵌套定义函数,但可以嵌套调用函数,即在调用一个函数的过程中,又调用另一个函数(不包括调用该函数本身),如图 6-6 所示。

【例 6-7】　计算整数 1 到 10 的阶乘和。

```
#include< stdio.h>
long fun1(int n)                    /* fun1 函数定义 */
{
    long t = 1;   int i;
    for(i = 1;i < = n;i + + )
        t = t * i;
    return t;
}
long fun2(int k)                    /* fun2 函数定义 */
{
    long sum = 0; int i;
    for(i = 1;i < = k;i + + )
        sum = sum + fun1(i);        /* fun1 函数调用 */
    return sum;
}
void main()
{   long sum;
    sum = fun2(10);                 /* fun2 函数调用 */
    printf("sum = % 1d\n",sum);
}
```

程序运行结果如图 6-7 所示。

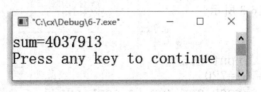

图 6-7　例 6-7 的运行结果

6.6.2　递归调用

在调用一个函数的过程中,可以直接或间接地调用该函数本身,称为递归调用。主调函数又是被调函数,如果递归的过程没有一定的终止条件,程序就会陷入类似死循环一样的情况,最终导致内存缓冲区溢出的错误,因此,在编写递归函数时,必须有一个结束递归过程的条件,用来保证递归过程在某种条件下可以结束。

【例 6-8】 编写程序,求 $n!$。

【分析】 使用递归方法来求 $n!$,即 $10!=10\times 9!,9!=9\times 8!,\cdots,2!=2\times 1!,1!=1$,由此归纳为以下公式。

$$\begin{cases} n!=1, & (n=0,1), \\ n!=n\times(n-1)!, & (n>1)。 \end{cases}$$

其中,当 n 为 0 或 1 时就是结束递归调用的条件。

```c
#include<stdio.h>
long f3(int n)
{
    long s;
    if(n<0)
        printf("n是大于0的整数");
    else  if(n==0 || n==1)
            s=1;
        else s=f3(n-1)*n;
    return s;
}
void main()
{
    int n;
    long y;
    printf("input n:");
    scanf("%d",&n);
    y=f3(n);
    printf("%d!=%ld\n",n,y);
}
```

例 6-8 运行视频

程序运行结果如图 6-8 所示。

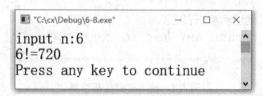

```
"C:\cx\Debug\6-8.exe"        —  □  ×
input n:6
6!=720
Press any key to continue
```

图 6-8 例 6-8 的运行结果

【说明】 上面的程序在执行时,主调函数 main()调用函数 f3,程序流程转到 f3 函数中执行。若 $n<0$ 或 $n=0$ 或 $n=1$ 都将结束函数调用,并返回到 main()函数中;若 $n>1$ 则对 f3

函数进行递归调用。输入 n 的值为 6,在 main()函数中的调用语句是 $y = f3(6)$,第一次调用,因为 $n > 1$ 执行 $s = f3(n-1) * n$,即 $s = f3(6-1) * 6$,该语句对 f3 函数进行第二次调用即 f3(5),按这样的方式一直调用到 f3(1)为止,不再继续调用而开始逐层返回,f3(1)的返回值是 1,f3(2)的返回值是 $1 * 2 = 2$,f3(3)的返回值是 $2 * 3 = 6$,依次类推,直到 f3(6)的返回值是 $120 * 6 = 720$。f3 函数共被调用 6 次,其中 f3(6)是被 main()函数调用,其他 5 次是 f3 函数自己调用自己,即递归调用。

6.7 变量的作用域和存储类型

变量的作用域指变量的有效范围,包括 3 种情况:在函数内部定义、在函数外部定义和在复合语句内部定义。在函数内部定义的变量只能在该函数内部使用。变量的存储类型指变量占用内存空间的方式,分为动态存储和静态存储两种。

6.7.1 局部变量和全局变量

变量定义的位置决定了其作用域。在一个函数内部或复合语句内定义的变量称为局部变量,在函数外部定义的变量称为全局变量。

1. 局部变量

局部变量的作用域仅限于函数内或复合语句内,在函数或复合语句以外是不能使用这些变量的。用作函数形参的变量也只能被当前函数内部使用,因此不同函数的局部变量可以同名。

【例 6-9】 分析程序的运行结果。

```
void main()
{   int a = 5;                /* 变量 a 为函数的局部变量 */
  {   int a = 1;
      printf("a = %d\n",a);    /* 变量 a 为复合语句的局部变量 */
  }
  printf("a = %d\n",a);        /* 变量 a 为函数的局部变量 */
}
```

程序运行结果如图 6-9 所示。

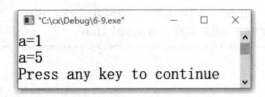

图 6-9 例 6-9 的运行结果

【说明】 程序运行时,一开始编译系统并不给局部变量分配内存空间,只有调用局部变量所在的函数时,才临时分配内存空间,调用结束后立即释放空间。上述代码中,main()函数的声明语句部分和复合语句中都定义了变量 a,各自有不同的内存空间,互不影响。当执行复合语句内的 printf 语句时,输出的是复合语句内局部变量 a 的值,复合语句外的变量 a 被屏蔽;当退出复合语句时,其内部的变量 a 被释放,输出外部的变量 a 的值。可见,当变量名相同时,最小范围内的局部变量优先权最高。

2. 全局变量

全局变量的定义位置可以是当前程序文件的任何位置,其作用域从定义位置开始一直到程序运行结束,它不属于某个函数,可以被当前程序文件的所有函数共用。在程序运行时就被分配存储空间,只有程序退出时才释放空间。

【例 6-10】 通过全局变量求长方体的体积以及正、侧、底 3 个面的面积。

```c
#include<stdio.h>
int s1,s2,s3;                    /*声明全局变量 s1、s2 和 s3*/
int vs(int a,int b,int c)
{
  int v;
  v=a*b*c;                       /*计算长方体的体积*/
  s1=a*b;                        /*计算侧面积*/
  s2=b*c;   s3=a*c;
  return(v);                     /*返回体积 v 的值*/
}
void main()
{
  int v,l,w,h;
  printf("请输入长、宽和高\n");
  scanf("%d%d%d",&l,&w,&h);
  v=vs(l,w,h);                   /*使用全局变量获取计算结果*/
  printf("v=%d  s1=%d  s2=%d  s3=%d\n",v,s1,s2,s3);
}
```

例 6-10 运行视频

程序运行结果如图 6-10 所示。

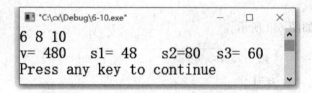

```
"C:\cx\Debug\6-10.exe"          —    □    ×
6 8 10
v= 480   s1= 48   s2=80  s3= 60
Press any key to continue
```

图 6-10 例 6-10 的运行结果

6.7.2 变量的存储类型

变量有两种存储方式:静态存储和动态存储。静态存储变量存放于静态存储区,在整个程序运行过程中,始终占用固定的内存空间。全局变量就属于此类存储方式。动态存储变量存放于动态存储区,根据程序的运行状态进行临时分配存储空间,且所占内存位置并不固定。比如,函数的形参,在程序开始执行时并不给形参变量分配存储空间,只有在函数被调用时才为形参变量分配存储空间,当函数调用结束后立即释放形参所占用的空间。若一个函数被多次调用,则会反复地为该形参变量分配、释放存储空间。

由此可见,静态存储方式的变量是一直存在的,而动态存储方式的变量会根据程序运行状态决定存在或消失。这种由于变量存储方式不同而产生的特性称为变量的生存期。它表示了变量存在的时间。变量的生存期和作用域从时间和空间两个不同的角度来描述变量的特性。一个变量究竟属于哪一种存储方式,并不能仅从其作用域来判断,还与变量存储类型有关。

C语言中,变量有4类存储类型:自动变量(auto)、静态变量(static)、外部变量(extern)和寄存器变量(register)。自动变量和寄存器变量属于动态存储方式,外部变量和静态变量属于静态存储方式。

变量说明的完整形式如下:

存储类型说明符 数据类型说明符 变量名

例如:

auto char c1,c2;

static int m,n;

C语言规定,函数内未加存储类型说明的变量均为自动变量,即auto可以省略。自动变量属于动态存储方式,只有在使用它的时候才分配存储空间,函数调用结束后释放存储空间,因此自动变量的值不能保留。若希望函数中的局部变量的值在函数调用结束后继续保留,就要指定该变量为静态局部变量,用static进行声明。

【例6-11】 使用静态局部变量求1到10的阶乘值。

```
#include<stdio.h>
int fac (int n)
{   static int f = 1;
    f = f * n;                      /* 静态变量定义 */
    return(f);                      /* 返回时不释放 f */
}
main ()
{   int i;
    for(i = 1;i < = 10;i + + )
    printf ( " % d!=  % d\n", i, fac(i));
}
```

例6-11 运行视频

程序运行结果如图6-11所示。

```
"C:\cx\Debug\6-11.exe"
2!= 2
3!= 6
4!= 24
5!= 120
6!= 720
7!= 5040
8!= 40320
9!= 362880
10!= 3628800
Press any key to continue
```

图 6-11　例 6-11 的运行结果

6.7.3　内部函数与外部函数

函数本身在一个文件中是全局的,即在一个文件中定义的函数能被当前文件的所有函数调用。那么该函数能否被其他文件的函数调用呢？根据函数能否被其他文件调用的情况,可将函数分为内部函数和外部函数。

(1) 内部函数,又称静态函数,定义时被声明成 static 类别,静态函数只局限于所在文件,其他文件不能调用。

(2) 外部函数,定义时被声明成 extern 类别。C 语言中函数的隐含类别为 extern 类别,即默认为外部函数。外部函数可以被其他文件调用。

6.8　图书管理系统案例

1. 问题陈述

分别定义添加图书和浏览图书的子函数,通过主函数调用完成向图书管理系统中增加图书和浏览图书信息的操作。

图书管理 1

2. 输入输出描述

输入数据:分别输入 1、2 和 3 完成相应选择。如输入 1,则录入图书的编号、名称、作者和单价等信息。

输出数据:输入 2,显示当前所有图书的编号、名称、作者和单价信息。

3. 源代码

```
#include<stdio.h>

#include<string.h>
/*定义存储图书信息的结构体*/
struct book
{
    int id;
    char name[30];
```

```c
        char author[20];
        float price;
}books[100];
/*定义显示标题的函数*/
void page_title(char * menu_item)
{
        printf("\n\n\t\t**********欢迎使用***图书馆管理系统********
**\n\n-%s-\n\n",menu_item);
}
/*定义返回主菜单的函数*/
void returns()
{
        printf("\n按任意键返回……\n");
        getch();
}
/*定义添加图书的函数*/
void book_add()
{
        int i;
        system("cls");
        page_title("添加新书");
        for(i=0;i<100;i++)
            if(books[i].id==0)  break;
        printf("编号:"); scanf("%d",&books[i].id);
        printf("名称:"); scanf("%s",&books[i].name);
        printf("作者:"); scanf("%s",&books[i].author);
        printf("单价:"); scanf("%f",&books[i].price);
        returns();
}
/*定义浏览图书的函数*/
int book_show()
{
        int i, flag=0;
        system("cls");
        for(i=0;i<100;i++)
        {
         if(strlen(books[i].name)!=0)
         {
                printf("编号:%d\t\t", books[i].id);
```

```
        printf("名称:%s\t\t", books[i].name);
        printf("作者:%s\t\t", books[i]. author);
        printf("单价:%.2f\t\t", books[i]. price);
    printf("\n");
    }
        flag = 1;
    }
    if(flag == 0)
        printf("\n 没有找到相关记录.\n");
    return i;
}
/ * 系统主函数 * /
main()
{
    menu:page_title("主  菜  单");
    printf("用数字键选择操作\n\n");
    printf("\t\tl、添加新书\t\t2、显示图书\t\t3、退出系统\n");
    printf("请按数字键:\n");
    switch(getch())
    {
        case'1': book_add();break;
        case'2': book_show();break;
        case'3': exit(0);
    }
    goto menu;
}
```

程序运行结果如图 6-12 所示。

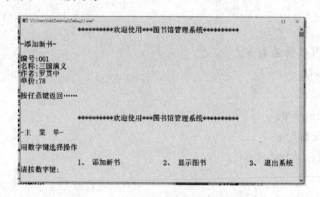

图 6-12　图书管理系统案例运行结果

本 章 小 结

本章首先介绍了函数定义和调用的基础知识,其中重点部分是正确理解函数调用过程中的数据传递,即实参与形参的关系。然后学习了两类特殊的调用形式:嵌套调用和递归调用。最后进一步学习了变量的作用域和存储类型,以及函数的分类(内部函数和外部函数)。掌握好本章内容是学习 C 语言程序设计的基础。

习 题 6

1. 选择题

(1) 以下叙述中正确的是(   )。

A. C 语言程序总是从第一个函数开始执行

B. C 语言程序中 main 函数可以不放在程序的开头部分

C. 函数声明和函数定义是一样的

D. C 语言程序中可以没有 main 函数

(2) 执行以下程序,程序的运行结果是(   )。

```
#include <stdio.h>
int fun(int m,int n,int t)
{   t = m/n;   }
main( )
{   int x;
    fun(10,5,x);
    printf("%d\n",x);
}
```

A. 0   B. 2   C. 无确定值   D. 5

(3) 执行以下程序,输出结果是(   )。

```
#include <stdio.h>
double ff(double a,double b,double c)
{   a += 1.0; c = c + b; return c;   }
main( )
{   double x = 4.2,y = 9;
    printf("%f\n",ff(x + y,x,y));
}
```

A. 13.2   B. 13.200 000   C. 9.000 000   D. 9

(4) 函数调用语句"fun((a1,a2),(b1,b2,b3));"中包含的实参个数是(   )。

A. 5   B. 3   C. 2   D. 1

(5) 执行以下程序,输出结果是(   )。

```
#include <stdio.h>
int fun(int x,int y)
{    return x + y;    }
main()
{    int a = 5,b = 6,c = 7;
     c = fun((a ++ ,b -- ,a + b),c ++);
     printf(" % d\n",c);
}
```

A. 18   B. 20   C. 19   D. 16

2. 编程题

(1) 编写函数,求 x 的 y 次方。

(2) 编写程序用来判断某个数是否为素数。

(3) 编写两个函数分别用来求两个整数的最大公约数和最小公倍数。

(4) 编写程序,计算 $s = \sum_{k=0}^{n} k!$。

(5) 有 10 个人坐在一起,问第 10 个人多少岁? 他说自己比第 9 个人大 2 岁,第 9 个人说自己比第 8 个人大 2 岁……以此类推,直到第 1 个人说他 10 岁。问第 10 个人多少岁?

第7章 数　　组

【学习目标】

- 理解构造数据类型的特性
- 掌握数组定义和引用的基本方法
- 掌握数值数组、字符数组和字符串的常用操作
- 熟练应用字符串处理函数
- 掌握数组作为函数参数的数据传递

7.1　数组概述

使用 C 语言的基本数据类型(整型、实型和字符型)可以处理日常的简单数据,但遇到需要处理大批量数据的情况时就会非常不方便。例如,一个班有 35 名学生,求全班的平均成绩。算法是将 35 名学生的成绩求和,然后除以 35。看似简单,但在实际处理数据时,需要用 35 个变量来表示每个学生的成绩,显然很烦琐。为处理方便,把具有相同性质的数据(一个班的学生成绩)按一定顺序组织起来,用同一个名字表示,在名字的右下角加一个数字序号表示这是第几个学生的成绩。

这种由相同类型的若干数据有序构成的集合称为数组,它是一种构造数据类型。构成数组的每个数据称为元素,元素可以是基本数据类型或其他构造类型。元素具有相同的数组名,但具有不同的下标,C 语言规定用方括号中的数字来表示下标,如 $s[4]$。

使用数组可以方便地处理多个相同类型的变量,特别是当变量间存在一定关联时,使用数组可以简化程序的处理过程,提高程序的执行效率。

7.2　一维数组

访问数组中具体元素所需的下标数量称为维数,数组定义指明了数组的维数。一维数组名只加一个下标,如上面提到的学生成绩数组就是一维数组。要使用数组必须先定义数组,需要说明数组元素的类型和数量。

7.2.1　一维数组的定义

一维数组定义的语句形式如下:

数据类型名 数组名[整型常量表达式];

类型名可以是任何一个基本数据类型或构造数据类型;数组名是用户自定义的合法标识符;整型常量表达式代表数组元素的个数,也称为数组的长度。例如,int $s[5]$,其中 s 是一维数组名,int 是类型名,说明 s 是整型数组,每个元素都是整型,在元素中只能存储整型数,该数组包含 5 个元素。

一维数组元素只能有一个下标,C 语言规定第一个元素的下标为 0,数组 s 的 5 个元素依次为 $s[0]$、$s[1]$、$s[2]$、$s[3]$、$s[4]$。C 编译程序将为数组 s 在内存中分配 5 个连续的存储单元,如图 7-1 所示。

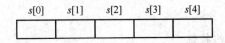

图 7-1 数组在内存中占用的存储单元

数组定义时要注意以下几点。

(1) 同一个数组中所有元素的类型都是相同的,数组的类型就是元素的类型。

(2) 同一个函数中数组名不能和其他局部变量名相同,可以把数组和其他变量的定义放在同一个语句中。例如:

int a,b,s[10];

(3) 数组名后面的方括号中只能是整型的常量或常量表达式。例如:

char c,c1[10 + 10];

但是下面定义的形式是错误的。例如:

int a[n];   /* n 是已经定义的一个变量 */

不能用变量表示元素的个数,C 语言不允许对数组的长度做动态定义。

(4) 可以同时定义多个数组,它们之间用逗号分隔。例如:

float a[10],b[10],c[10];

7.2.2 一维数组的初始化

定义数组后,数组会在内存中占用连续的存储单元,但这些存储单元中没有确定的值,如果要引用数组元素,就需要对数组元素赋初值。在定义数组的同时对各元素赋值,称为数组的初始化。

初始化的一般形式如下:

类型名 数组名[整型常量表达式] = {值 1,值 2,…,值 n};

例如:

int a[6] = {6,5,4,3,2,1};

经过初始化操作后,数组 a 的 6 个元素按序依次被赋值,相当于 $a[0]=6$,$a[1]=5$,$a[2]=4$,$a[3]=3$,$a[4]=2$,$a[5]=1$。

注意:(1) 可以只给数组中的部分元素赋值。

例如：

int a[10] = {1,3,5,7};

数组 a 有 10 个元素,但初值只有 4 个,只能对前 4 个元素赋初值,其余 6 个元素由系统自动赋初值为 0。

(2) 若要数组中的元素初值都为 0,可以写成如下形式。

int a[10] = {0}; 相当于　int a[10] = {0,0,0,0,0,0,0,0,0,0};

(3) 若对数组元素全部赋初值,可以省略数组长度。

例如：

int a[6] = {0,2,4,6,8,10}; 可以写成 int a[ ] = {0,2,4,6,8,10};

若未指定数组 a 的长度,系统则会根据提供的初值个数确定数组 a 有 6 个元素。当所赋初值个数小于所定义数组的元素个数时,系统自动给后面的元素赋值为 0;当所赋初值个数大于所定义数组的元素个数时,系统会出现报错信息。

(4) 不能对数组整体赋值。

例如：

```
long c1[4] = {1,2,3,4}, c2[4];
b = a;                    /* 错误的数组赋值形式 */
```

7.2.3　一维数组元素的引用

数组由若干元素组成,每个元素就是一个变量,代表内存中的一个存储单元,C 编译程序为数组分配一串连续的存储单元。数组只能引用元素而不能整体引用数组。一维数组引用的一般形式如下：

数组名[下标表达式];

下标表达式可以是整型常量,也可以是整型表达式。例如：

float a[10];

那么 a[0]、a[i]、a[i+1]+1 都是对数组元素的合法引用,每个下标表达式都代表了该元素在数组中的位置,其值的下限为 0,上限为 9。C 语言程序在运行时,系统不对数组元素的下标做出检查,因此在编写程序时一定要保证数组下标不越界。

【例 7-1】　定义一个数组并对元素依次赋值,最后逆序输出各个元素。

【分析】　定义长度为 10 的数组 s,依次对数组元素赋值,需要用循环结构。逆序输出时,先输出最后的元素,按下标从大到小的顺序输出。

```
#include <stdio.h>
main( )
{
    int s[10],i;
```

```
for(i = 0;i < = 9;i + + )
    a[i] = i + 1;
for(i = 9;i > = 0;i -- )
    printf(" % 3d",a[i]);
printf("\n");
}
```

程序运行结果如图 7-2 所示。

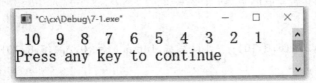

图 7-2　例 7-1 的运行结果

【说明】　引用数组元素时,要搭配循环结构实现对元素的逐个引用,而不能对数组整体引用。

【例 7-2】　使用冒泡法对 10 个整数进行排序。

【分析】　排序方式有"升序"和"降序"两种,冒泡法属于升序。基本方法是每次比较相邻的两个数,把小数放在前面。若有 5 个数:5、4、3、2、1。第 1 次比较,把 5 和 4 交换;第 2 次比较,把 5 和 3 交换;第 3 次比较,把 5 和 2 交换;第 4 次比较,把 5 和 1 交换;最后得到"4、3、2、1、5"的顺序。经过第 1 轮比较,得到最大的数"5",共交换了 4 次;继续第 2 轮比较,得到"3、2、1、4、5"的顺序,共交换了 3 次;第 3 轮比较,得到"2、1、3、4、5"的顺序,共交换了 2 次;第 4 轮比较,得到"1、2、3、4、5"的顺序,只交换了 1 次。

例 7-2　运行视频

由此可以归纳出,如果有 n 个数,需要进行 $n-1$ 轮比较,而在第 j 轮比较中需要进行 $n-j$ 次两两比较。

```
# include < stdio. h >
main( )
{   int i,j,t,a[10];
    printf("input 10 numbers:\n");
    for(i = 0;i < 10;i + + )
        scanf(" % d",&a[i]);                /* 输入 10 个要排序的整数 */
    for(j = 0;j < 9;j + + )                  /* 10 个数进行 9 轮比较 */
        for(i = 0;i < 9 - j;i + + )          /* 每轮进行 9 - j 次比较 */
            if(a[i] > a[i + 1])
                {t = a[i];a[i] = a[i + 1];a[i + 1] = t;}
    printf("the sorted numbers is:\n");
    for(i = 0;i < = 9;i + + )
        printf(" % 4d",a[i]);
```

```
    printf("\n");
}
```

程序运行结果如图 7-3 所示。

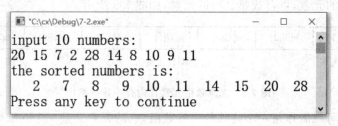

图 7-3　例 7-2 的运行结果

【说明】　使用两层循环实现冒泡排序。j 变量控制外层循环,10 个数排序需要进行 9 轮比较,j 初值为 0,即 $j<9$。i 变量控制内层循环,执行第 j 次外循环,需要执行 $n-j$ 次内循环,i 初值为 0,即 $i<9-j$。

7.3　二　维　数　组

7.3.1　二维数组的定义

一个班的成绩可以用一维数组来处理,那如果是若干个班的成绩呢? 比如,有 5 个班,每班 40 名学生,将所有学生的成绩用数组存储起来,就需要用到二维数组。C 语言中允许构造多维数组,多维数组元素有多个下标。二维数组第 1 个下标代表第几班,第 2 个下标代表第几个学生。

二维数组定义的一般形式如下:

类型名　数组名[常量表达式 1][常量表达式 2];

二维数组必须要用两个方括号将常量表达式括起来,并且常量表达式的值只能是整数。例如:

int a[3][3];

上面定义了一个 int 类型的二维数组,第 1 维有 3 个元素,第 2 维有 3 个元素,该数组共有 3×3 个元素。逻辑上常把二维数组看作是由行和列组成的矩阵,数组 a 为 3 行 3 列,其逻辑结构为如图 7-4 所示。

	第0列	第1列	第2列
第0行	$a[0][0]$	$a[0][1]$	$a[0][2]$
第1行	$a[1][0]$	$a[1][1]$	$a[1][2]$
第2行	$a[2][0]$	$a[2][1]$	$a[2][2]$

图 7-4　二维数组逻辑结构

二维数组每个元素有两个下标,第1个方括号中的下标称行下标,第2个方括号中的下标称列下标,行列下标的下限都为0。

虽然在逻辑上把二维数组看作矩阵,但在内存中二维数组元素是按行顺序存放的,也就是先存放第1行的元素,再存放第2行的元素,如图7-5所示。

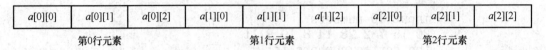

第0行元素   第1行元素   第2行元素

图 7-5 二维数组元素在内存中排列顺序

二维数组也可以看作是一个特殊的一维数组,它的元素又是一个一维数组。例如,上述数组 a 可以看成包含 $a[0]$、$a[1]$ 和 $a[2]$ 3 个元素的一维数组,其中每个元素又是由 3 个元素组成的一维数组,其中 $a[0]$ 包含 $a[0][0]$、$a[0][1]$ 和 $a[0][2]$。

7.3.2 二维数组的初始化

在定义二维数组的同时,可以对元素进行赋值完成初始化操作,可以连续赋值,也可以按行赋值,值放在一对大括号中。

(1) 按数组元素在内存中的存储顺序对元素赋值。

例如:

```
int a[3][2] = {2,4,6,8,10,12};
```

(2) 按行对数组元素赋值,每行的值均放在一对大括号中。

例如:

```
int a[3][2] = {{2,4},{6,8},{10,12}};
```

(3) 只对部分元素赋值,未赋值的元素自动为0。

例如:

```
int a[3][2] = {{2},{8,1}};    或者 int a[3][2] = {{2},{},{8,1}};
```

(4) 若对全部元素都赋值,可以省略第1维的长度,但第2维的长度必须指定。

例如:

```
int a[ ][3] = {2,4,6,8,10,12};
```

系统会根据值的总个数和第2维的长度计算出第1维的长度。共 6 个元素值,每行有 3 列,所以有 2 行。

如果是按行赋值,即使只对部分元素赋值,也可以省略第1维的长度。

例如:

```
int a[ ][3] = {{2,4},{6},{0,12}};       /* 数组按 3 行存储 */
```

7.3.3 二维数组元素的引用

二维数组元素引用的一般形式如下:

数组名[下标表达式 1][下标表达式 2];

下标表达式 1 代表行下标,下标表达式 2 代表列下标,从 0 开始,取值要满足下标值允许的范围。

例如:

double f[4][3];

那么 f[0][2]、f[i][j]+1、f[i+1][i+j]都是合法的引用形式,但 f[0,2]是错误的。

【例 7-3】 编写程序,把 9 个整数存放到二维数组中并输出。

【分析】 已知二维数组元素个数为 9,则数组为 3 行 3 列。用两个变量 i,j 分别作为行下标和列下标,通过键盘向二维数组输入数据,然后输出元素值。

```c
#include <stdio.h>
main( )
{   int a[3][3],i,j;
    printf("input 9 numbers:\n");
    for(i = 0;i < 3;i ++)
        for(j = 0;j < 3;j ++)
            scanf(" % d",&a[i][j]);
    printf("output 9 numbers:\n");
    for(i = 0;i < 3;i ++)
      { for(j = 0;j < 3;j ++)
          printf(" % 4d",a[i][j]);        /* 按行输出元素 */
        printf("\n"); }                   /* 输完一行元素之后换行 */
}
```

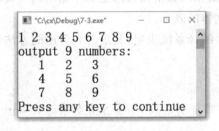
例 7-3 运行视频

程序运行结果如图 7-6 所示。

```
"C:\cx\Debug\7-3.exe"         —   □   ×
1 2 3 4 5 6 7 8 9
output 9 numbers:
       1     2     3
       4     5     6
       7     8     9
Press any key to continue
```

图 7-6 例 7-3 的运行结果

【说明】 对二维数组元素的引用需要用到两层循环,外循环控制对行的操作,内循环控制对列的操作。

【例 7-4】 编写程序,求出二维数组中最大的元素值及其所在的位置。

【分析】 定义变量 m 存放最大值,先把第 1 个元素的值赋给 m,假设它是最大的,然后用 m 和第 2 个元素比较,如果第 2 个元素大于 m,就把第 2 个元素的值赋给 m,m 继续和下一个元素比较,直到最后一个元素,此时 m 就是最大的值。

```c
#include <stdio.h>
```

```
main( )
{   int i,j,t1,t2,max;                          /* t1,t2 存储最大元素的下标 */
    int a[3][3] = {3,5,2,10,20,6,22,8,0};
    max = a[0][0];                              /* 将 a[0][0] 先看作大值 */
    t1 = 0; t2 = 0;                             /* 此时大值的位置用下标表示 */
    for(i = 0;i < 3;i ++ )
      for(j = 0;j < 3;j ++ )
        if(a[i][j] > max)
          { max = a[i][j];                      /* 新的大值取代原值 */
            t1 = i;                             /* 重新标识大值的位置 */
            t2 = j; }
      printf("最大值是：% d,元素是 a[ % d][ % d]\n",max,t1,t2);
}
```

程序运行结果如图 7-7 所示。

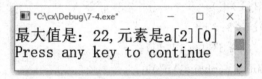

图 7-7   例 7-4 的运行结果

7.4   多 维 数 组

C 语言中允许构造多维数组,多维数组元素有多个下标。如果把一维数组元素的逻辑存储结构比作一条直线,那么二维数组元素的逻辑存储结构所确定的就是一个坐标平面,而三维数组可以理解成三维立体的效果。

多维数组维数的限制由编译系统决定,其定义和引用的方法和二维数组类似(n 维数组需要 n 个维数声明)。

多维数组定义形式如下:

数据类型 数组名[整型常量表达式 1][整型常量表达式 2]…[整型常量表达式 n];

例如:

float a1[2][3][4];

该语句定义了一个名为 $a1$ 的三维数组,数组元素为 float 类型。数组 $a1$ 可以看作是由 2 个二维数组组成的,每个二维数组又可以看成 3 个一维数组,每个一维数组包含 4 个元素,因此数组中总共包含 $2 \times 3 \times 4 = 24$ 个元素。

多维数组的初始化形式与二维数组的初始化形式相同,包括分行初始化、顺序初始化、部分初始化等。

例如：

```
int array[2][3][4] = {{{1,2,3,4},{1,0,0,6},{0,1,0,2}},
                      {{0,2,0,4},{10,5,4,6},{0,12,1,0}}};
```

多维数组的引用形式如下：

数组名称[下标 1][下标 2]……[下标 n];

由于占用大量内存、存取速度较慢等原因,多维数组在实际应用中使用较少。

7.5　字符数组与字符串

C 语言中只有字符串常量,没有字符串变量类型,通常把字符串存放在字符数组中,作为特殊的字符数组进行处理。字符数组也分为一维、二维和多维。

7.5.1　字符数组的定义

字符数组是存放字符型数据的,数组中的每个元素存放一个字符,在内存中占用一个字节。其定义的一般形式如下：

char 数组名[常量表达式];

例如：

char s[8];

字符数组的定义和数值型数组的定义相同,而且字符型数据以 ASCII 代码（整数形式）存放,所以也能用整型数组存放字符型数据。

例如：

int s[8];

注意:上面的整型数组 s 和字符数组 s 在内存中占用的存储空间大小不同。

7.5.2　字符数组的初始化

字符数组的初始化有以下形式。

(1) 对数组元素连续赋值,字符常量放在一对大括号中以逗号分隔。

例如：

char c[9] = {'h','e','l','l','o','w','o','r','d'};

若对所有元素都赋值,可以省略数组长度,由系统根据值的个数确定数组长度。当然也可以只给部分元素赋值。

例如：

char c[9] = {'h','e','l','l','o'};

只给前 5 个元素赋值,其余元素由系统自动赋值为"\0"(即空字符)。

(2)用字符串常量对字符数组初始化。

例如:

char c[10] = {"hello"};

或者省略大括号,写成"char c[10] = "hello";",字符数组中内容如图 7-8 所示。

h	e	l	l	o	\0	\0	\0	\0	\0
c[0]	c[1]	c[2]	c[3]	c[4]	c[5]	c[6]	c[7]	c[8]	c[9]

图 7-8 字符数组的存储情况

系统存储字符串常量时会自动在末尾加上"\0",把"\0"作为字符串结束标志。所以在用字符数组存放字符串时,数组的长度要比实际的字符个数多 1,以便存放"\0"。

例如:char c[5] = "hello";

显然数组提供的空间不够用,"\0"会占用数组以外的存储单元,极有可能破坏其他数据的正确。

注意:字符数组长度与字符串的实际长度是不一样的。

【例 7-5】 编写程序,用字符数组存放字符串并输出。

【分析】 定义字符数组,并完成初始化赋值,使用循环结构逐个引用元素。

分别采用两种方法编写程序。

方法 1:

```c
#include <stdio.h>
main()
{   char c[10] = {'h','e','l','l','o',' ','w','o','r','d'};
    int i;
    for(i = 0;i < 10;i++)
        printf("%c",c[i]);
    printf("\n");
}
```

方法 2:

```c
#include <stdio.h>
main()
{   char c[] = "hello word";
    printf("%s",c);
    printf("\n");
}
```

程序运行结果如图 7-9 所示。

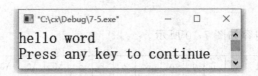

图 7-9　例 7-5 的运行结果

【说明】　两种方法结果一样,但第二种方法更简洁些。第一种采用"％c"逐个输出字符,第二种采用"％s"输出整个字符串。若用"％s"输出,则遇到"\0"就结束输出,且输出的字符中不包含"\0"。printf()函数中的输出项是字符数组名而不是数组元素。

7.5.3　字符串处理的函数

C 语言提供了专门处理字符串的库函数,方便用户使用。程序中用到这些函数时,需要在开头位置包含命令行"♯ include < string. h >"。

1. 字符串输出函数 puts( )

【格式】　puts(字符数组名)

【功能】　将数组中的字符串输出到屏幕上。

例如:

char c[ ] = "hello word";

puts(c);

输出:　hello word

注意:输出时将字符串结束标志"\0"转换成"\n",输完字符串后自动换行。

puts()函数专门用于字符串的输出,简单易记,若需要指定输出格式,还得用到 printf()函数。

2. 字符串输入函数 gets( )

【格式】　gets(字符数组名)

【功能】　从键盘上输入字符串到字符数组。

例如:

gets(c);

输入: student

将字符串"student"存放到字符数组 c 中(加上字符串结束标志,共存放 8 个字符到数组中),gets()函数以回车作为输入结束的标志,这是其与 scanf()函数所不同的。

3. 字符串连接函数 strcat( )

【格式】　strcat(字符数组 1,字符数组 2)

【功能】　把字符串 2 连接到字符串 1 的后面,并将结果存放到字符数组 1 中。

例如:

char c1[12] = "hello";

char c2[ ] = "word";

strcat(c1,c2);

puts(c1);

输出：helloword

连接后数组 $c1$ 的内容如图 7-10 所示。

图 7-10　连接后数组 $c1$ 的存储情况

注意：要保证字符数组 1 有足够的长度，以容纳连接后的新字符串。连接前如果字符数组 1 后面有"\0"，连接时要删除。

4. 字符串复制函数 strcpy( )

【格式】　strcpy(字符数组 1,字符数组 2)

【功能】　将字符数组 2 中的字符串复制到字符数组 1 中。

例如：

char c1[12] = "hello boy";

char c2[ ] = "word";

strcpy(c1,c2);

puts(c1);

输出：word

复制后数组 $c1$ 的内容如图 7-11 所示。

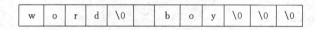

图 7-11　复制后 $c1$ 的存储情况

复制时连同"\0"一起复制到数组 $c1$ 中，用函数 puts( )输出 $c1$ 时，遇到"\0"就结束输出。数组 1 的长度不能小于数组 2 的长度。

5. 字符串比较函数 strcmp( )

【格式】　strcmp(字符数组 1,字符数组 2)

【功能】　比较两个字符数组中的字符串，比较的结果由函数值返回。

(1) 字符串 1＝字符串 2，则函数值为 0。

(2) 字符串 1＞字符串 2，则函数值为一个正整数。

(3) 字符串 1＜字符串 2，则函数值为一个负整数。

按照 ASCII 码将两个字符串中的字符逐个比较，直到遇到不同的字符或"\0"为止。

【例 7-6】　编写程序，对两个字符串进行比较。

【分析】　对两个字符串比较，不能靠关系运算符，必须要用比较函数。

```
#include <stdio.h>
main( )
{   int k;
    char s1[ ] = "onethree",s2[20];
    gets(s2);
    k = strcmp(s1,s2);
    if(k>0)   printf("s1 > s2\n");
```

例 7-6　运行视频

```
else
    if(k<0)    printf("s1<s2\n");
    else       printf("s1=s2\n");
}
```

程序运行结果如图 7-12 所示。

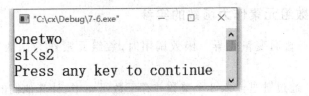

图 7-12　例 7-6 的运行结果

6. 测字符串长度的函数 strlen( )

【格式】　strlen(字符数组)

【功能】　测试字符串的实际长度,不含结束标志"\0"。

例如:

`printf("%d\n",strlen("hello"));`

【例 7-7】　编写程序,统计一行字符中有多少个单词,单词之间用空格分隔。

【分析】　单词之间用空格分隔,可以根据空格的出现来判断新单词的开始,若出现新单词则单词个数加 1,注意一行开头的空格不计算在内。

```
#include<stdio.h>
#include<string.h>
main( )
{   char str[50];
    int i,num=0,word=0;
    char c;
    gets(str);                              /* 输入一行字符串 */
    for(i=0;(c=str[i])!='\0';i++)           /* 字符不是'\0'就继续循环 */
        if(c==' ')
            word=0;                         /* 若是空格,则使 word 为 0 */
        else  if(word==0)      /* 若非空格且 word 值为 0,则使 word 为 1 */
            { word=1; num++; }
    printf("the number is %d\n",num);
}
```

例 7-7　运行视频

程序运行结果如图 7-13 所示。

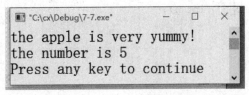

图 7-13　例 7-7 的运行结果

7.6 数组作为函数参数

数组作为函数的参数有两种形式:一是把数组元素作为函数的实参,对应的形参应为普通变量;二是把数组名作为函数的实参,对应的形参是数组类型参数。

7.6.1 数组元素作为函数的实参

数组元素与普通变量无异。函数调用时,数组元素作为函数实参对形参进行单向值传递。

【例7-8】 通过键盘输入3个整数并存于数组 a 中,计算他们的和,并输出结果。

```c
#include <stdio.h>
int sum(int x,int y)
{   return x+y ; }
void main()
{   int a[3],b,i;
    for (i=0;i<3;i++)
        scanf("%d",&a[i]);
    b=sum(a[0],a[1]);
    printf("sum=%d\n",sum(b,a[2]));
}
```

例 7-8 运行视频

程序运行结果如图7-14所示。

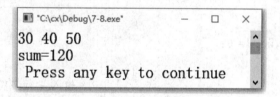

图 7-14 例 7-8 的运行结果

7.6.2 数组名作为函数的实参

用数组名作实参时,由于数组名代表一段数据存储区的起始地址,因此实参把地址信息传递给形参。

【例7-9】 求学生的平均成绩。

```c
#include <stdio.h>
 float aver (int stu[ ], int n);
 void main( )
 { int s [10], i;
    float av;
```

```
        printf("Input  10   scores:\n");
        for( i = 0; i < 10; i ++ )
            scanf("% d", &s [i]);
        av = aver (s,10);
        printf("Average  is:% .2f", av);
}
float aver (int stu[ ], int n)
{ int i;
        float av,t = 0;
        for( i = 0; i < n; i ++ )
            t += stu[i];
        av = t/n;
        return av;
}
```

程序运行结果如图 7-15 所示。

```
"C:\cx\Debug\7-9.exe"            —    □   ×
80 90 90 75 58 77 89 90 100 69
Average  is: 81.80
Press any key to continue
```

图 7-15　例 7-9 的运行结果

7.7　图书管理系统案例

1. 问题陈述

根据读者借阅的图书的编号及数量,输出图书的剩余库存量,并按原书总价的 1‰ 收取费用。

2. 输入输出描述

输入数据:图书借阅编号及数量。

输出数据:图书编号、图书名称、作者、单价、库存数量及费用。

图书管理 2

3. 源代码

```
#include < stdio. h >
#define STORAGE 100
#define TOTAL 5
#define LONGEST_NAME 100
void book_borrow()
{
        int i,j,no,m;                /* no是图书编号,m是剩余库存量 */
        int borrow[TOTAL][2] = {0};
```

```
        char book[TOTAL] [LONGEST_NAME]={"唐诗三百首""射雕英雄传""平凡的世界"
"现代派诗选""激荡三十年"};//书名
        char author[TOTAL] [LONGEST_NAME]={"孙洙""金庸""路遥""蓝棣""吴晓
波"};//作者
        float price[TOTAL]={25.00,27.00,28.00,29.00,42.00},pay=0;/*pay是费用*/
        printf("欢迎进入图书借阅管理系统\n");
        printf("请输入您要选择的图书(输入-1表示结束):\n");
        printf("请输入图书编号、借书数量:\n");
        scanf("%d",&borrow[0][0]);
        no=borrow[0][0];
        i=0;
        while(no>=0&&no<TOTAL)
        {
            scanf("%d",&borrow[i][1]);
            i++;
            scanf("%d",&borrow[i][0]);
            no=borrow[i][0];
        }
        printf("图书编号\t图书名称\t作者\t单价(元)\t库存数量\n");
        for(j=0;j<i;j++)
        {
            no=borrow[j][0];
            printf("%d\t\t",no);
            printf("%s\t",book[no-1]);
            printf("%s\t",author[no-1]);
            printf("%.2lf\t\t",price[no-1]);
            printf("%d\n",STORAGE-borrow[j][1]);
            pay=pay+price[no-1]*borrow[j][1];
            m=STORAGE-borrow[j][1];
        }
        printf("收取原书总价%.2f的百分之一费用,共收取\n%.2f元:",pay,pay/100);
}
main()
{
    book_borrow();
}
```

程序运行结果如图7-16所示。

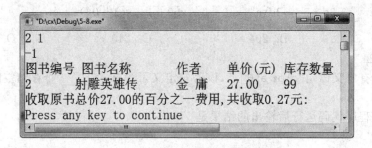

图 7-16　图书管理系统案例运行结果

本 章 小 结

本章介绍了一种构造数据类型——数组,用于对数据进行批量处理,内容主要包括数值数组和字符数组的定义、初使化及引用方法,以及常用的一维数组和二维数组元素在内存中的存储方式。难点为用数组名作为函数参数时,实参和形参之间的地址传递。

习 题 7

1. 选择题

(1) 若有定义语句"int n[ ] = {1,2,3,4,5};",则下面对 n 数组元素的引用中,错误的是( )。

A. n[0]　　　　　　B. n[2 * 2]　　　　　C. n[n[4]]　　　　　D. n[4]

(2) 以下关于字符数组定义并赋值正确的语句是( )。

A. char ch[ ] = {'abcdef'};

B. char ch( ) = {'a','b','c','d','e','f'};

C. char ch[ ] = {'97','98','99','100','101','102'};

D. char ch[ ] = {'a','b','e','d','e','f'};

(3) 若有数组 a[3][6],按在内存中的存放顺序,a 数组的第 10 个元素是( )。

A. a[0][4]　　　　B. a[1][3]　　　　C. a[0][3]　　　　D. a[1][4]

(4) 以下程序代码运行后输出的结果是( )。

```
main( )
{   int a[10] = {1,2,3,4,5,6,7,8,9,10};
    printf("%d\n",a[1] + a[5]);   }
```

A. 16　　　　　　B. 6　　　　　　C. 8　　　　　　D. 10

(5) 有以下程序,若运行时输入"2 4 6 <回车>",则输出的结果是( )。

```
main( )
{   int x[3][2] = {0}, i;
    for(i = 0;i < 3;i ++)
        scanf("%d",x[i]);
```

```
printf("%3d%3d%3d\n",x[0][0],x[0][1],x[1][0]);  }
```

A. 200 　　　　　　　B. 204 　　　　　　　C. 240 　　　　　　　D. 246

2. 填空题

(1) 假设有定义语句"char a[6];",该语句定义了含有_____个存储空间的_____型一维数组。

(2) 以下程序代码运行后输出的结果是_____。

```
main( )
{   int i, n[5] = {0};
    for(i = 1; i <= 4; i++)
    {   n[i] = n[i-1]*2+1;
        printf("%d", n[i]);    }
        printf("\n");  }
```

(3) 以下程序代码运行后输出的结果为_____。

```
main( )
{   int a[3][3] = {{1,2,3},{4,5,6},{7,8,9}};
    int b[3] = {0},i;
    for(i = 0;i < 3;i++)
        b[i] = a[i][2] + a[2][i];
    for(i = 0;i < 3;i++)
        printf("%d,",b[i]);
    printf("\n");  }
```

(4) 以下 find()函数返回 s 数组中最大元素的下标,数组中元素的个数由 t 传入,请填空。

```
int find( int s[ ], int t )
{   int k, p;
    for(p = 0,k = p;p < t;p++)
        if(s[p] > s[k])    _____;
    return _____ ;  }
```

3. 编程题

(1) 定义一个包含 15 个元素的数组,按序给元素赋偶数 0,2,4…,然后按每行 5 个数顺序输出。

(2) 编写程序,输出以下形式的杨辉三角形。

```
    1
    1   1
    1   2   1
    1   3   3   1
    1   4   6   4   1
    1   5  10  10   5   1
    1   6  15  20  15   6   1
```

（3）编写程序，将两个字符串连接起来，不能用 strcat() 函数。

（4）求 Fibonacci 数列前 20 项的和。

（5）编写程序，用来判断一个字符串是否是回文字符串，回文字符串是指一个字符串正读和反读都一样，如"abcdcba"。

第8章 指 针

【学习目标】

- 了解指针与地址的概念
- 掌握指针变量的定义、初始化及指针的运算
- 理解指针引用数组,指针引用字符串
- 了解指向函数的指针和返回指针值的函数
- 掌握动态内存分配与指向它的指针变量

指针是 C 语言中的一个重要的数据类型。利用指针可以有效地表示各种复杂的数据结构,不仅能够方便灵活地使用数组和字符串,还能像汇编语言一样处理内存地址,为实现函数间各类数据的传递提供简洁便利的方法。正确灵活地运用指针,可编制出精练紧凑、功能强大而执行效率高的程序。可以说,指针是 C 语言的精髓。指针极大地丰富了 C 语言的功能。

8.1 指针的基本概念

计算机是如何对内存进行管理的呢?在计算机的内存储器中,拥有大量的存储单元。一般情况下,存储单元是以字节为单位进行管理的。为了区分内存中的每一字节,就需要对每一个内存单元进行编号,且每个存储单元都有唯一的一个编号,这个编号就是存储单元的地址,称为内存地址。

这样,当需要存放数据时,即可在地址所标识的存储单元中存放数据。当需要读取数据时,根据内存单元的编号或地址即可找到所需的内存单元。

显然,内存单元的地址和内存单元的内容是两个不同的概念。根据内存地址就可以准确定位到对应的内存单元。对一个内存单元来说,内存单元的地址即为指针,内存单元中存放的数据就是该内存单元的内容。在 C 语言中,每种类型的数据(变量或数组元素)都占用一段连续的内存单元。该数据的地址或指针就是指该数据对应存储单元的首地址。

8.2 变量与指针

当定义一个变量时,系统会为变量分配存储单元,不同类型的数据在存储器中所占用的内存单元数不等。例如,字符型数据占用 1 字节的内存单元,整型数据占用 2 字节的内存单元,单精度类型数据占 4 字节的内存单元等。系统分配给变量的内存单元的起始地址就是

变量的地址,也就是变量的指针。

例如:

int a = 3, * p = &a;

上述定义了一个整型变量 a,并初始化为 3,a 的内存地址是 2000,还定义了一个指针变量 p,并且初始化为变量 a 的地址,如图 8-1 所示。

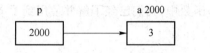

图 8-1 变量与内存单元

要访问变量可以像前面章节中那样直接使用变量名,这种方式称为直接访问方式。

间接访问方式是将变量的地址存放在另一个变量中,这类变量是专门存放地址的,称为指针变量。例如,间接访问 a 变量可以用" * p",也就是通过指针变量来访问。

8.2.1 指针变量的定义

指针就是内存单元的地址,也就是内存单元的编号,因此指针是一种数据。在 C 语言中,可以用一个变量来存放这种数据,这种变量称为指针变量,因此,一个指针变量的值就是某个内存单元的地址,或称为某个内存单元的指针。

和其他变量一样,指针变量在使用之前必须先定义。对指针变量的定义包括 3 个内容:

(1) 指针类型说明符" * ",即定义一个变量为指针变量;

(2) 指针变量名;

(3) 基类型,指针所指向的变量的数据类型。

指针变量的一般形式如下:

类型说明符 * 变量名;

其中,* 表示这是一个指针变量,变量名即所定义的指针变量名,类型说明符即基类型,表示本指针变量所指向的变量的数据类型。例如:

int * p1;

上述代码表示 $p1$ 是一个指针变量,指针变量 $p1$ 可以用来保存某个整型变量的地址。正确的读法为"$p1$ 是一个指向整型变量的指针变量"或" $p1$ 为整型指针变量"。至于 $p1$ 指向哪一个整型变量,应由向 $p1$ 赋予的地址来决定。

例如:

char * p2; //p2 是指向字符型变量的指针变量

float * p3; //p3 是指向单精度类型变量的指针变量

double * p4; //p4 是指向双精度类型变量的指针变量

8.2.2 指针变量的引用

指针变量和普通变量一样,在使用之前不仅要定义说明,而且必须赋予具体的值。未经赋值的指针变量不能使用,否则将造成系统混乱。对指针变量赋值只能赋予一个内存地址,决不能赋予其他数据,否则将引起错误。在 C 语言中,变量的地址是由编译系统分配的,对用户完全透明,用户可通过相应的运算符来获得变量的地址。

关于指针类型的数据,有两个相关的运算符。

1. 取地址运算符"&"

取地址运算符"&",是一个单目运算符,其结合性为自右向左,其功能是取得变量的地址。在前面介绍的 scanf()函数中,我们已经了解并使用到了 & 运算符。其一般形式如下:

& 变量名

例如:"&a"表示变量 a 的地址。变量本身必须预先说明。

假定有如下定义语句。

```
int a, * p;
p = &a;
```

把变量 a 的地址赋值给指针变量 p,此时指针变量 p 指向整型变量 a,假设变量 a 的地址为 2000,这个赋值可形象地理解为图 8-1 所示的联系。

2. 指针运算符"*"

指针运算符"*",是一个单目运算符,通常称为间接访问运算符或引用运算符,其结合性为自右向左,用来表示该指针所指的变量。在指针运算符之后的操作对象必须是指针类型的数据,比如,指针变量名。例如,有如下的定义及语句。

```
int a, * p;
p = &a;
x = * p;
```

运算符"*"访问以 p 为地址的存储单元,而 p 中存放的是变量 a 的地址,因此,$*p$ 访问的是地址为以 2000 开始的存储单元,也就是变量 a 所占用的存储单元。上面的赋值语句 $x = *p$ 等价于 $x = a$。

实际上,取地址运算符"&"与指针运算符"*"是一对逆运算符。

设有指向整型变量的指针变量 p,如果要把整型变量 a 的地址赋值给指针变量 p,可以有以下两种方式。

1)指针变量初始化的方法

```
int a;
int * p = &a; //定义 p 为整型指针变量,初始化保存整型变量 a 的地址
```

2)赋值语句的方法

```
int a;
int * p; //定义 p 为整型指针变量
p = &a; //将整型指针变量 p 赋值为整型变量 a 的地址
```

注意:上述示例中"*"出现在不同的位置,其含义不同。若出现在变量声明中,则为类型说明符,表示其后的变量 p 是指针类型;若出现在执行语句中,则为指针运算符,表示指

针变量所指的变量。

在使用指针变量时,需要注意以下几点。

(1)只能将一个变量的地址赋值给与其数据类型相同的指针变量。也就是说,要使一个指针变量保存某个变量的地址,则应保证变量的数据类型与指针变量的基类型一致。例如:

inta, * p; p = &a;

把整型变量 a 的地址赋值给整型指针变量 p。变量 a 的数据类型 int 与指针变量的基类型 int 一致。下面的写法是错误的。

char c; int * p; p = &c;

(2)可以将一个指针变量赋值给指向相同类型变量的另一个指针变量。例如:

int a;
int * pa, * pb;
pa = &a;
pb = pa;

由于 pa、pb 均为指向整型变量的指针变量,因此可以相互赋值。

(3)只能将指针变量赋值为变量的地址,而不能赋值为表达式的地址。下面的写法是错误的。

int a = 2,b = 3;
int * p;
p = &(a + b);

(4)不允许把一个整数赋值给指针变量,两者数据类型不同。下面的赋值是错误的。

int * p;
p = 1000;

【例 8-1】 通过指针变量访问变量(间接访问变量)。

```
#include"stdio.h"
void main( )
{
    int a,b,c, * p ; //定义 p 为整型指针变量
    printf ("input three numbers:\n");
    scanf ("%d%d%d", &a,&b,&c);
    p = &a;  //判断并使 p 指向值最大的变量
    if(b> * p)  p = &b; //对变量 b 与 p 指向的数据进行比较
    if(c> * p)  p = &c; //对变量 c 与 p 指向的数据进行比较
    printf("max =   %d\n", * p);  //间接访问 p 所指向的变量
}
```

例 8-1 运行视频

程序运行结果如图 8-2 所示。

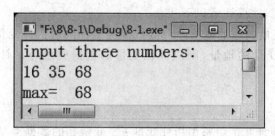

图 8-2　例 8-1 的运行结果

8.2.3　指针变量作为函数参数

函数的参数不仅可以是整型、实型、字符型等数据,还可以是指针类型的数据。在调用函数时,实参变量和形参变量之间的数据传递是单向的,指针变量作为函数参数也要遵守这一规则,所以函数调用不能改变实参指针变量的值,但是可以改变实参指针变量所指向的内存单元的内容,即目标变量的值。这正是指针变量作为函数参数的优势。函数调用本身仅能得到一个返回值(即函数值),而运用指针变量作函数参数则可以通过对形参指针所指向的内存单元(即实参指针变量所指向的目标变量)的操作,或者说间接访问的形式来改变主调函数中数据的值,从而使主调函数得到多个运算结果。这种参数传递方式称为地址传递,属于双向传递。

【例 8-2】　编写函数,实现将两个变量的值进行交换。

函数 1:

```
void swap1(int p1,int p2)
{    int t;
     t = p1; p1 = p2; p2 = t;
}
```

【说明】　该函数采用值传递方式,是单向传递。实参变量和形参变量分别占用不同的存储单元,改变形参变量的值不会影响实参变量的值,故该函数不能实现两个变量值的交换。

函数 2:

```
void swap2(int * p1,int * p2)
{    int t;
     t = * p1; * p1 = * p2; * p2 = t;
}
```

【说明】　该函数采用地址传递方式,是双向传递。通过改变形参指针变量所指向的存储单元(即主调函数中的变量)的值,从而影响主调函数中变量的值,故该函数能实现两个变量值的交换。

函数 3:

```
void swap3(int * p1,int * p2)
{   int * t;
    * t = * p1; * p1 = * p2; * p2 = * t;
}
```

【说明】 该函数同样采用了地址传递方式,是双向传递。理论上能实现两个变量值的交换,但是该函数中将指针变量 t 所指向的存储单元作为中间变量,且未对指针变量 t 进行初始化,所以 t 的值为随机值。若 t 指向系统区,则改变了 t 所指向的存储单元的值,有可能造成系统混乱,因而,此函数的设计是不可取的。

函数 4:

```
void swap4(int * p1,int * p2)
{   int * t;
    t = p1;p1 = p2;p2 = t;
}
```

【说明】 该函数也采用了地址传递方式。在该函数中交换的是两个指针形参变量的值而不是两个指针形参变量所指向的存储单元的值,因此不能影响主调函数中变量的值,故该函数不能实现两个变量值的交换。

8.3 一维数组与指针

一个变量的地址是它所占内存单元的起始地址。一个数组包含若干元素,每个数组元素都在内存中占用存储单元,它们都有相应的地址。所谓数组的指针是指数组在内存中的起始地址,所谓数组元素的指针是数组元素在内存中的起始地址。

8.3.1 指向数组元素的指针变量

定义一个指向数组元素的指针变量的方法与我们以前介绍过的定义指向变量的指针变量方法相同。例如:

```
int a[10];   //定义 a 为包含 10 个整型数据的数组
int * p;     //定义 p 为指向整型变量的指针
```

注意:因为数组为 int 型,所以指针变量也应为指向 int 型的指针变量。下面是对指针变量赋值。

```
p = &a[3];
```

把 $a[3]$ 元素的地址赋值给指针变量 p。也就是说, p 指向 a 数组的第 4 个元素。

注意:C 语言规定,数组名就是数组的指针,数组名表示数组在内存中的起始地址(对于一维数组,就是 0 号元素的内存地址),它在程序中是不可变的,所以数组名是指针常量。

此时,可以用数组名给指针变量赋值。有如下定义:

```
int a[10], * p;
```

则下面两条语句等价。

p = a ;

p = &a[0];

其作用如图 8-3 所示。

同样,在定义指针变量时可以进行初始化。

int a[10], * p = &a[0];

或者

int a[10], * p = a;

注意:这里应先定义数组,然后定义指针变量并进行初始化。在编译时,系统先为数组分配内存单元,然后才能引用其元素的地址作为指针变量的初始化值。

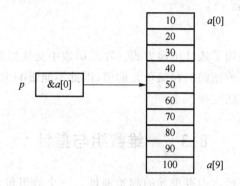

图 8-3　指针变量指向数组

8.3.2　指向数组的指针的相关运算

当指针变量指向数组后,对指针可以进行某些算术和关系运算。

1. 指针变量和整数的算术运算

在 C 语言中规定,如果指针变量 p 已指向数组中的某个元素,则表达式 $p+1$ 表示让指针变量 p 指向下一个元素的地址。以此可以进一步得出如下结论,假定有如下定义及语句(其中 n 为一个正整数)。

int a[10], * p;

p = &a[5];

(1) 表达式 $p+n$:表示使指针变量 p 从当前所指元素向后移到第 n 个元素的地址处。例如,$p+2$ 表示数组元素 $a[7]$ 的地址。

(2) 表达式 $p-n$:表示使指针变量 p 从当前所指元素向前移到第 n 个元素的地址处。例如,$p-2$ 表示数组元素 $a[3]$ 的地址。

(3) 表达式 $++p$:先使指针变量 p 指向下一个数组元素。例如,表达式 $++p$ 在运算时,先使 p 指向下一个数组元素 $a[6]$,表达式的值为 $a[6]$ 的地址。

(4) 表达式 $--p$:先使指针变量 p 指向上一个数组元素。例如,表达式 $--p$ 在运算时,先使 p 指向上一个数组元素 $a[4]$,表达式的值为 $a[4]$ 的地址。

(5) 表达式 $p++$:表示指针变量 p 所指数组元素的地址,运算结束后,使指针变量 p 指向下一个数组元素。例如,表达式 $p++$ 的值为 $a[5]$ 的地址,表达式运算结束后,使指针变量 p 指向下一个数组元素 $a[6]$。

(6) 表达式 $p--$:表示指针变量 p 所指数组元素的地址,运算结束后,使指针变量 p 指向上一个数组元素。例如,表达式 $p--$ 的值为 $a[5]$ 的地址,表达式运算结束后,使指针变量 p 指向上一个数组元素 $a[4]$。

下面讨论一种特殊情况,就是当指针变量 p 指向数组首地址时,即 p 指向数组元素 $a[0]$ 时,$p+i$ 或 $a+i$ 表示 $a[i]$ 的地址,或者说它们指向 a 数组的第 i 个元素。$*(p+i)$ 或 $*(a+i)$ 就是 $p+i$ 或 $a+i$ 所指向的数组元素,即 $a[i]$。例如,表达式 $p+5$ 或 $a+5$ 表示 $\&a[5]$,表达式 $*(p+5)$ 或 $*(a+5)$ 表示数组元素 $a[5]$。

2. 指针之间的减法运算

当两个指针变量指向同一个数组时,它们之间可以进行减法运算,运算结果为它们所指向的数组元素下标之差的整数值。例如:

```
int n,m,a[10], * pl, * p2;
pl = &a[5];
p2 = &a[2];
n = pl - p2;
m = p2 - pl;
```

则 n 的值为 3,m 的值为 3。

3. 指针之间的关系运算

在同一个数组中,还可以对数组元素的指针进行关系运算。例如,有如下定义和语句。

```
int n,m,a[l0], * pl, * p2;
pl = &a[2];
p2 = &a[3];
```

则有下面表达式及其值。

```
p2 > pl        //因为 p2 - pl = 1,所以表达式的值为 1(真)
pl ++ == p2    //值为 0(假),注意此处 ++ 运算符为后缀
-- p2 == pl    //值为 1(真),注意此处 -- 运算符为前缀
pl < a         //值为 0(假),a 为地址常量,是 0 号元素的地址
p2 <= a + 3    //值为 1(真),a + 3 为数组元素,是 a[3] 的地址
```

也可以将指针变量与 0 比较。设 p 为指针变量,若表达式 $p==0$ 的值为 1,则表明 p 是空指针,它不指向任何变量;若表达式 $p!=0$ 的值为 1,表示 p 不是空指针。空指针是由对指针变量赋予 0 值得到的。例如:

```
#define NULL 0
int   * p = NULL;
```

对指针变量赋值为 0 和不赋值是不同的。当指针变量未赋值时,它可以是任意值,是不能使用的,否则将造成意外错误。对指针变量赋值为 0 后,则可以使用,只是它不指向具体的变量而已。

8.3.3　通过指针引用数组元素

假定有如下定义。

```
int a[10], *p = a;
```

那么,可以有多种形式引用数组元素。

1. 用指针表达式引用数组元素

例如,表达式 $*(p+3)$ 引用了数组元素 $a[3]$,表达式中的 3 是相对于指针的偏移量。当指针指向数组的起始位置时,偏移量说明了引用哪一个数组元素,它相当于数组的下标。上述表示法称为指针偏移量表示法,简称为指针表示法。用指针表示法引用数组元素 $a[i]$ 的一般形式如下:

```
*(p + i)
```

例如,表达式 $*(p+2)$ 引用了数组元素 $a[2]$。需要注意的是"$*$"的优先级高于"$+$"的优先级,所以括号是必需的。

使用指针表达式也可引用数组元素的地址。用指针表示法引用数组元素 $a[i]$ 地址的一般形式如下:

```
p + i
```

例如,表达式 $p+2$ 引用了地址 $\&a[2]$。

2. 用数组名表达式引用数组元素

数组名本身就是一个指针,也可在指针表达式运算中引用数组元素。

通常,所有带数组下标的表达式都可以用指针和偏移量表示,这时要把数组名作为指针。相应地,引用数组元素 $a[i]$ 的一般形式如下:

```
*(a + i)
```

引用数组元素 $a[i]$ 地址的一般形式如下:

```
a + i
```

注意:上面的表达式并没有修改数组名指针 a 的值,a 仍然指向数组的第一个元素。

3. 指针也可带下标

例如,$p[i]$ 引用了数组元素 $a[i]$。

当指针变量 p 保存数组 a 的首地址时,数组元素 $a[i]$ 的地址的表示形式有 3 种:$\&a[i]$、$p+i$ 或者 $a+i$。

相应地,数组元素 $a[i]$ 的引用方法有以下 4 种,大致分为作下标法和指针法两类。

用下标法引用数组元素:$a[i]$、$p[i]$。

用指针法引用数组元素:$*(a+3)$、$*(p+3)$。

如果要对一维数组中的元素进行操作,可以用多种形式来引用数组中的元素。

【例 8-3】 用多种形式引用数组元素。

方法 1：

```
#include"stdio.h"
void main( )
{
    int i,a[10];
    printf("input 10 integer :\n");
    for ( i = 0;i < 10;i ++ )
        scanf("% d",&a[i]); //表达式 &a[i]表示数组元素的地址
    printf("output 10 integer:\n");
    for ( i = 0;i < 10;i ++ )
    printf("% d",a[i]) //表达式 a[i]表示数组元素
}
```

例 8-3 运行视频

方法 2：

```
#include"stdio.h"
void main( )
{
    int i,a[10];
    printf("input 10 integer:\n");
    for(i = 0;i < 10;i ++ )
        scanf("% d",a + i);  //表达式 a + i 表示数组元素的地址
    printf("Output 10 integer:\n");
    for(i = 0;i < 10;i ++ )
        printf("% d", * (a + i));//表达式 * (a + i)表示数组元素
    printf("\n");
}
```

方法 3：

```
#include"stdio.h"
void main( )
{
    int i,a[10], * p = a;
    printf("INPUT 10 INTEGER:\n");
    for(i = 0;i < 10;i ++ )
        scanf("% d", p + i);//表达式 p + i 表示数组元素的地址
    printf("OUTPUT 10 INTEGER:\n");
    for(i = 0;i < 10;i ++ )
        printf("% d", * (p + i));//表达式 * (p + i)表示数组元素
}
```

方法 4：

```
#include"stdio.h"
void main( )
{
    int i,a[10], * p = a;
    printf("INPUT 10 INTEGER:\n");
    for(i = 0;i < 10;i ++)
        scanf(" % d", &p[i]);   //表达式 &p[i]表示数组元素的地址
    printf("OUTPUT 10 INTEGER:\n");
    for ( i = 0;i < 10;i ++)
        printf(" % d", p[i]);   //表达式 p[i]表示数组元素
}
```

以上 4 种方法的运行结果一样，如图 8-4 所示。

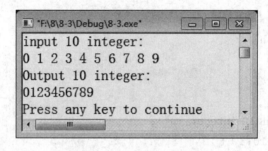

图 8-4 例 8-3 的运行结果

在通过指针引用数组元素时应注意以下几个问题。

（1）指针变量可以实现自身值的改变。比如，$p++$ 是合法的，而 $a++$ 是错误的。因为 a 是数组名，数组名表示数组首地址，是指针常量。

（2）指针变量可以指向数组的任何元素，要注意指针变量的当前值。

在定义数组时指定其长度为 10，即数组包含 10 个元素，但指针变量可以指向数组之后的内存单元，系统并不认为非法。例如：

```
#include"stdio.h"
void main( )
{
    int a[10], * p;
    for(p = a;p < a + 10;p ++) scanf(" % d",p);
    for(p = a;p < a + 10;p ++) printf(" % d", * p);
}
```

在上述程序的循环语句中，当 $p=a+10$ 时，即 p 指到数组 a 之后的内存单元，并不认为是非法，但已经超出数组 a 的范围，所以循环结束。也就是说，当 p 指向数组元素时，进行相应的操作，一旦超出数组 a 的范围，就停止操作。

（3）注意运算符＋＋、－－、& 和 * 的混合运算。

* p＋＋:＋＋和 * 是同一优先级,结合方向自右而左,等价于 * $(p$＋＋$)$。

* $(p$＋＋$)$与 * $(+$＋$p)$的作用不同。若 p 的初值为 $a(a$ 为数组名),则 * $(p$＋＋$)$等价于 $a[0]$,而 * $(+$＋$p)$等价于 $a[1]$。

$(*p)$＋＋:表示 p 所指向的元素的值加 1。

如果 p 当前指向 a 数组中的第 i 个元素,则有 * $(+$＋$p)$相当于 $a[+$＋$i]$; * $(--p)$相当于 $a[--i]$。

8.3.4 数组作函数的参数

1. 数组元素作函数的参数

当数组元素作为函数参数时,与普通变量作为函数参数的情况相同,都是值传递方式,即在函数调用时,将实参数组元素的值传递给形参变量。

【例 8-4】 求 n 个元素的整型数组中偶数的个数(数组元素作函数的参数)。

方法 1:直接引用数组元素。

```c
#include"stdio.h"
void main( )
{
    int oushu(int x);//函数声明
    int i,n= 0;
    int a[10] = {19,28,37,46,55,99,64,82,73,91};
    for(i=0;i<10;i++)
        if(oushu(a[i])==1) n++ ;//数组元素用作函数参数
 printf("%d\n",n);
}
int oushu(int x)
{
    return((x%2==0 ) ? 1 : 0 );
}
```

例 8-4 运行视频

方法 2:通过指针变量间接引用数组元素。

```c
#include"stdio.h"
void main( )
{
    int oushu(int x);//函数声明
    int n= 0, * p;//定义指向整型变量的指针
    int a[10] ={19,28,37,46,55,99,64,82,73,91};
    for(p=a;p<a+10;p++)//指针变量指向数组元素
        if(oushu( * p)==1) n++ ;//指针变量指向数组元素并作为函数参数
            printf("%d\n",n);
```

```
}
int oushu(int x)
{
    return((x % 2 == 0)? 1 : 0);
}
```

程序运行结果如图 8-5 所示。

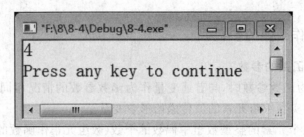

图 8-5　例 8-4 的运行结果

2. 数组名作为函数参数

我们在数组一章介绍过,当数组名用作函数参数时,函数调用将改变形参数组元素的值,因此函数调用后实参数组元素的值也会随着改变。

在 C 语言中,调用函数采用的是"值传递"方式。当用变量作为函数参数时,传递的是变量的值;当用数组名作函数参数时,由于数组名代表的是数组的起始地址,因此传递的是数组的首地址,所以要求形参为指针变量。

在进行函数定义时,往往采用形参数组的形式,因为在 C 语言中用下标法和指针法都可以访问数组,但是应该明确一点,形参数组的本质就是一个指针变量,由此指针变量接收实参传递的数组首地址。对形参指针所指向的存储单元的操作,实际上就是对实参数组元素的操作。

【例 8-5】　编写函数将数组中的 n 个整数按相反顺序存放。

```
#include"stdio. h"
void main( )
{
    void inv ( int * ,int );   //函数声明
    int i,a[10] = {0,2,4,6,8,9,7,5,3,1};
    printf("\nThe original array:");
    for(i = 0;i < 10;i ++ )
        printf(" % d", a[i]);
    inv( a,10 );   //数组名作函数参数
    printf("\nThe array has been inverted:");
    for(i = 0;i < 10;i ++ )
        printf(" % d", a[i]);
    printf("\n");
```

例 8-5　运行视频

```
}
void inv ( int * x,int n )
{
    int t, * p, * q;
    for(p = x,q = x + n - 1;p < q;p + + ,q - - )
      {t =  * p; * p =  * q; * q = t; }
}
```

程序运行结果如 8-6 所示。

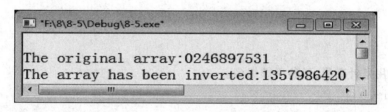

图 8-6 例 8-5 的运行结果

归纳起来,当数组名用作函数参数时,形参和实参的表示形式有以下 4 种情况。

1. 形参和实参都用数组名。

```
void main( )
{   int a[10];
    ……
    func (a,10);
    ……
}
void func(int x[ ],int n)
{
    ……
}
```

2. 实参用数组名,形参用指针变量。

```
void main( )
{   int a[10];
    ……
    func (a,10);
    ……
}
void func(int * x,int n)
{
    ……
}
```

3. 形参和实参都用指针变量。

```
void main( )
{    int a[10], * p= a;
     ……
     func (p,10);
     ……
}
void func(int * x,int n)
{
……
}
```

4. 实参用指针变量,形参用数组名。

```
void main( )
{
    int a[10], * p= a;
    ……
    func (p,10);
    ……
}
void func(int x[],int n)
{
    ……
}
```

应该注意的是,如果用指针变量作实参,必须先使指针变量有确定的值,即使指针变量指向一个已经定义的数组。

以上 4 种方式实际上传递的是数组的首地址,是地址传递,属于地址传递方式,是双向传递。

【例 8-6】 编写函数,实现选择排序(用指针实现)。

```
#include"stdio.h"
void main( )
{
 int a[10], * p;
 void selectsort(int * ,int); //函数声明
 printf("Input 10 Integer:");
 for(p = a;p < a + 10;p ++ )
     scanf("% d", p);
 selectsort(a,10); //数组名作函数参数
 printf("Result:");
```

例 8-6 运行视频

```
    for(p = a;p < a + 10;p + + )
    printf(" % d", * p);
    printf("\n");
}
void selectsort( int * x,int n )
{
    int i,t,* p,* q;
    for(i = 0;i < n - 1;i + + )
    {
     q = x + i;
     for(p = q + 1;p < x + n;p + + )
         if( * p< * q ) q = p;
    if(q! = x + i) {t = * q; * q = * (x + i); * (x + i) = t;}
    }
}
```

程序运行结果如图 8-7 所示。

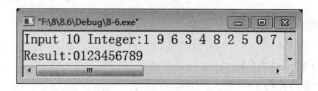

图 8-7 例 8-6 的运行结果

8.4 二维数组与指针

8.4.1 二维数组的地址

前面介绍过,二维数组可以看作是一个特殊的一维数组,此一维数组的每一个元素又是一个一维数组。例如,有一个二维数组定义如下:

int a[3][4];

那么,数组 a 可被看作一个一维数组,它有 3 个元素:$a[0]$、$a[1]$ 和 $a[2]$。这 3 个元素都是长度为 4 的一维数组,由上一节介绍的内容可知,数组元素 $a[i]$ 的地址可以表示为 $a+i$。$a[i]$ 本身又是一个一维数组,$a[i]$ 是此数组的数组名,它有 4 个元素:$a[i][0]$、$a[i][1]$、$a[i][2]$ 和 $a[i][3]$,如图 8-8 所示。

数组元素 $a[i][j]$ 可以表示为 "*(数组名+下标)"的形式,即 $*(a[i]+j)$,进而可以表示为 $*(*(a+i)+j)$。

数组元素 $a[i][j]$ 的地址可以表示为 "数组名+下标"的形式,即 $a[i]+j$,进而可以表示为 $*(a+i)+j$。

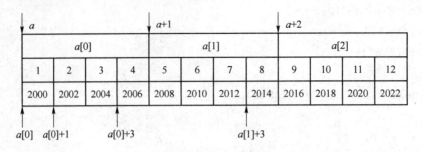

图 8-8　二维数组各元素的地址

对于图 8-8 需要说明的是，a 是二维数组名，是二维数组的首地址，即 $a[0]$ 的地址，其值为 2000，而 $a[0]$ 是第一个一维数组的数组名（首地址），即 $a[0][0]$ 的地址，其值为 2000。也就是说，a 的值与 $a[0]$ 的值相同，都为 2000，都表示地址，二者的值虽然相等，但数据类型不同，含义也不同。

【例 8-7】　用指针表示法输入/输出二维数组中的元素。

```
#include"stdio.h"
void main()
{
    int i,j,a[3][4];
    printf("Input:");
    for(i=0;i<3;i++)
      for(j=0;j<4;j++)
          scanf("%d",*(a+i)+j); //表达式 *(a+i)+j 表示 a[i][j]的地址。
      printf("\noutput:\n");
    for(i=0;i<3;i++)
    {
      for(j=0;j<4;j++)
      printf("%d\t",*(*(a+i)+j)); //表达式 *(*(a+i)+j)表示 a[i][j]。
      printf("\n");
    }
}
```

例 8-7　运行视频

程序运行结果如图 8-9 所示。

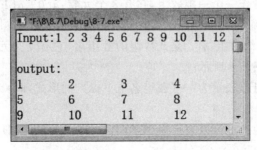

图 8-9　例 8-7 的运行结果

8.4.2 指向二维数组元素的指针

指向二维数组元素的指针变量的定义与前面介绍的指向变量的指针变量的定义相同。例如,有一个二维数组的定义如下:

int a[3][4], * p;

数组 *a* 中共有 12 个具有相同类型(int 型)的元素,每个元素都相当于一个 int 型变量,因此可以使用一个基类型为 int 的指针变量 *p* 指向这些元素。在内存中这些元素是依次连续存放的。对指针变量 *p* 来说,可以将此二维数组看作一个长度为 12 的一维数组,指针变量 *p* 对二维数组元素的操作与对一维数组的操作相似。

【例 8-8】 用指针变量输入/输出二维数组中各个元素的值。

```c
#include"stdio.h"
void main( )
{
    int i,j, * p,a[3][4]; //定义 p 为指向二维数组元素的指针
    p = &a[0][0];
    printf("Input:");
    for(i = 0;i < 3;i ++)
        for(j = 0;j < 4;j ++)
            scanf("%d", p + i * 4 + j); //通过 p 引用二维数组元素的地址
    printf("\noutput:\n");
    for(i = 0;i < 3;i ++)
    {
        for(j = 0;j < 4;j ++)
            printf("%d\t", * (p + i * 4 + j));//通过 p 引用二维数组元素
        printf("\n");
    }
}
```

例 8-8　运行视频

程序运行结果如图 8-10 所示。

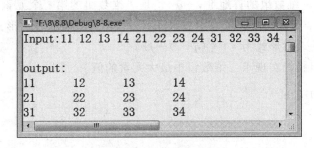

图 8-10　例 8-8 的运行结果

8.4.3 行指针变量

指向一维数组元素的指针变量 p 加 1 后所指向的数组元素是原来 p 所指元素的下一个数组元素,因此可以理解为 p 值的变化是以数组元素为单位的。

指向一维数组的指针变量是另外一种类型的指针变量,它是指向一维数组类型数据的指针变量,即该指针变量的目标变量又是一个一维数组,所以此类指针变量的增值是以一维数组的长度为单位的。

指向由 n 个元素组成的一维数组的指针变量,又称为行指针,其定义的一般形式如下:

类型标识符（ * 变量名）[N];

其中" * "表示其后的变量名为指针类型,[N]表示指针变量所指向的一维数组中元素的个数。"类型标识符"表示一维数组元素的类型。在定义中" * 变量名"作为说明部分,必须用括号标注。

在定义和使用指向一维数组的指针变量 p 时,需要注意以下几点。

(1) 在定义行指针时,"(* 变量名)"中的括号不能省略。

(2) 在定义行指针时,N 必须是整型常量表达式,此时定义的行指针可以指向相同类型的具有 N 个列元素的二维数组中的一行。

(3) p 是行指针,$p+i$、$p++$ 或 $p--$ 均表示指针移动的单位为行。

(4) p 只能指向二维数组中的行,而不能指向一行中的某个元素。

例如:

inta[3][4],(* q)[4] = a;

其中,q 是指向由 4 个元素组成的一维数组的指针变量,表达式 $*q$ 是一个含有 4 个元素的一维数组,它指向二维数组的第 0 行,$q+i$ 指向二维数组的第 i 行,如图 8-11 所示。

1	2	3	4	5	6	7	8	9	10	11	12
2000	2002	2004	2006	2008	2010	2012	2014	2016	2018	2020	2022

q $\qquad$ $q+1$ $\qquad$ $q+2$ $\quad$*(q+2)+1

图 8-11 行指针变量 q 与二维数组

可见,$*q$ 代表一维数组的首地址,$*q+j$ 是一维数组的第 j 个元素地址,$*(*q+j)$ 是一维数组的第 j 个元素。由此可推出数组元素 $a[i][j]$ 的地址表示形式为 $*(q+i)+j$,数组元素 $a[i][j]$ 的表示形式为 $*(*(q+i)+j)$。

【例 8-9】 用行指针实现求二维数组中最大元素的值。

```
# include"stdio.h"
void main( )
{
    int max_element(int ( * p)[4],int n);//函数声明
    int a[3][4] = {31,52,73,14,25,46,67,88,19,90,41,62};
```

例 8-9 运行视频

```
        printf("Max element is：%d\n", max element(a,3));
}
int max_element(int(*p)[4],int n)//形参指针为行指针
{
        int max,i,j;
        max = *(*(p+0)+0);
        for(i=0;i<n;i++)
        for(j=0;j<4;j++)
            if(*(*(p+i)+j)>max)   max = *(*(p+i)+j);
        return max;
}
```

程序运行结果如图 8-12 所示。

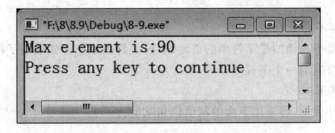

图 8-12   例 8-9 的运行结果

8.5   字符串与指针

8.5.1   字符串的表示与引用

在 C 语言中,既可以用一个字符数组来存放一个字符串,也可用一个字符指针变量来指向一个字符串。

1. 用字符数组存放字符串

例如:

char s[] = "I Love China!";

我们在前面介绍过,字符数组是由若干个数组元素组成的,在内存中占有一片连续的空间。字符数组用于存放字符或字符串,字符数组中的一个元素存放字符串中的一个字符,如图 8-13 所示。

s

I		L	o	v	e		C	h	i	n	a	!	\0
s[0]	s[1]	s[2]	s[3]	s[4]	s[5]	s[6]	s[7]	s[8]	s[9]	s[10]	s[11]	s[12]	s[13]

图 8-13   字符数组存放字符串

2. 用字符指针指向字符串

C语言对字符串常量是按字符数组处理的,在内存中开辟一个字符数组存放字符串,其首地址可保存在字符型指针变量中。例如:

char * s = "I Love China ";

在这里,字符指针变量 s 存放的是字符串常量的首地址,而不是字符串的内容,如图 8-14 所示。

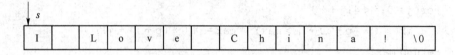

| I | | L | o | v | e | | C | h | i | n | a | ! | \0 |

图 8-14 字符指针指向字符串

虽然用字符指针变量和字符数组都能实现字符串的存储和处理,但二者是有区别的,不能混为一谈。

(1)存储内容不同

字符指针变量中存储的是字符串的首地址,而字符数组中存储的是字符串本身(数组的每个元素存放字符串的一个字符)。

(2)赋值方式不同

对于字符指针变量,可采用下面的赋值语句赋值。

char * p;
p = "This is a example.";//p 保存字符串的首地址

对于字符数组,虽然可以在定义时初始化,但不能用赋值语句对字符数组整体赋值。下面的用法是非法的。

char s[20];
s = "This is a example.";//错误用法

字符数组赋值可用 strcpy()函数。例如:

char s[20];
strcpy (s,"This is a example.");

(3)指针变量的值是可以改变的,字符指针变量也不例外,而数组名代表数组的起始地址,是一个常量,常量是不能被改变的。

8.5.2 字符串指针作函数参数

如同前面介绍过的数组名作为函数参数,当字符串指针被用作函数参数时,在被调函数中可以改变字符串的内容,在主调函数中可以得到改变了的字符串。同样,在调用函数时,实参传给形参的是字符串的首地址。归纳起来,字符串作为函数参数有如表 8-1 所示的几种情况。

表 8-1 字符串作为函数参数

实 参	形 参
一维数组名	一维数组名/字符串常量
一维数组名	字符指针变量
字符指针变量	字符指针变量
字符指针变量	一维数组名/字符串常量

【例 8-10】 编写函数,实现字符串的复制。

```c
#include"stdio.h"
void main( )
{
    void copy_string(char * , char * );   //函数声明
    char a[20] = "I am a teacher", b[20] = "You are a student";
    printf("String a is:%s\nString b is:%s\n", a,b);
    copy_string(a,b);//字符指针作函数参数
    printf("String a is:%s\nString b is:%s\n", a,b);
}
void copy_string(char * from,char * to )//形参指针为字符型指针
{
    for ( ; * from != '\0';from ++ ,to ++ ) * to =  * from;
    * to = '0';
}
```

例 8-10 运行视频

程序运行结果如图 8-15 所示。

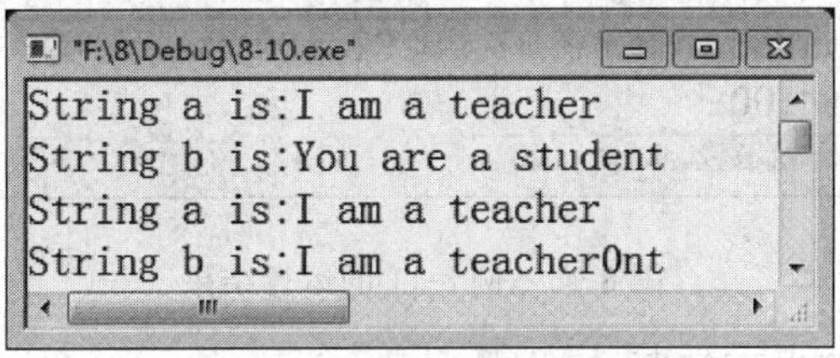

```
■ "F:\8\Debug\8-10.exe"
String a is:I am a teacher
String b is:You are a student
String a is:I am a teacher
String b is:I am a teacher0nt
```

图 8-15 例 8-10 的运行结果

8.6 返回指针值的函数

一个函数可以返回一个 int 型数据,或一个 float 型数据,或一个 char 型数据等,也可以返回一个指针类型的数据。返回指针值的函数(简称指针函数)的定义格式如下:

类型标识符 * *函数名(形参表)*

```
{
}
```

定义函数时,函数名前的"＊"表示函数的返回值是指针类型,即表示此函数是指针型函数。"类型标识符"表示返回的指针值的基类型,即所返回的指针指向的数据类型。

【例 8-11】 编写函数,实现求数组中最大元素的地址。

```
#include"stdio.h"
void main( )
{
    int * max ( int * ,int);
    int a[10], * q;
    printf("Input:");
    for( q = a;q < a + 10;q + + ) scanf(" % d", q);
        q = max(a,10);
    printf("sum = % d\n", * q );
}
int * max(int * a,int n)//定义返回指针值的函数
{
    int * max, * p;
    max = a;
    for( p = a;p < a + n;p + + )
        if ( * p > * max ) max = p;
    return max;
}
```

例 8-11 运行视频

程序运行结果如图 8-16 所示。

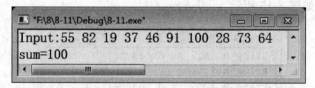

图 8-16 例 8-11 的运行结果

运用指针函数应注意以下问题。

(1) 指针函数中 return 语句返回的值必须是一个与函数类型一致的指针。

(2) 函数返回值必须是保证主调函数能正确使用的数据。

8.7 指 针 数 组

8.7.1 指针数组概述

若数组的元素均为指针类型数据,则称其为指针数组。指针数组的每个元素都是一个指针数据。定义指针数组的一般形式如下:

类型标识符 ＊数组名［数组元素个数］；

在定义中，"数组名［数组元素个数］"先组成一个说明部分，表示一个一维数组及其元素的个数，"类型标识符 ＊"则说明数组中每个元素都是指针数据类型。例如：

int ＊ip［10］；

char ＊cp［5］；

这里定义了两个指针数组，ip 是整型指针数组，cp 是字符型指针数组。

指针数组也可以进行初始化。例如：

char c［4］［10］＝｛"Fortran"，"Cobol"，"Basic"，"Pascal"｝；

char ＊str［5］＝｛"int"，"long"，"unsigned"，"char"，"float"｝；

int x，y，z，＊ip［3］＝｛ &x，&y，&z ｝；

int a［2］［3］，＊p［2］＝｛ a［0］，a［1］｝；

一般情况下，运用指针的目的是操作目标变量，使得对目标变量的操作变得灵活并能提高运行效率。例如，使用指针数组处理多个字符串比使用字符数组更为方便灵活。

【例 8-12】 编写函数，实现对 N 个字符串进行排序。

```
# include"stdio.h"
# include"string.h"
void main( )
{
    void sprint(char * str[],int n);
    void ssort(char * str[],int n);
    char * cnm[] = { "Lasa","Shanghai","shanxi","Dalian","Hangzhou"} ;
    ssort(cnm,5);
    sprint(cnm,5);
}
void sprint(char * str[],int n)
{
    int i;
    printf("Result:\n");
    for ( i= 0;i< n;i++ ) printf("\t%d:\t%s\n", i,str[i]);
}
void ssort(char * str[],int n)
{
    char *t;
    int i,j,k;
    for ( i= 0;i< n-1;i++ )
    {
        k = i;
```

例 8-12 运行视频

```
        for(j = i + 1;j < n;j + +)
            if(strcmp(str[k],str[j]) > 0) k = j;
        if(k!= i )
         {t = str[k]; str[k] = str[i]; str[i] = t; }
    }
}
```

程序运行结果如图 8-17 所示。

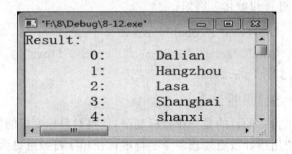

图 8-17　例 8-12 的运行结果

8.7.2　指向指针的指针

如果一个指针变量存放的是另一个指针变量的地址,则称这个指针变量为指向指针的指针变量。指向指针的指针变量的定义形式如下:

数据类型　　　**指针变量 ;

例如:

```
int x;          //定义整型变量 x
int *p;         //定义指向整型变量的指针变量 p
int * *q;       //定义指向整型指针变量的指针变量 q
p = &x;         //整型指针变量 p 保存整型变量 x 的地址
q = &p;         //指向整型指针的指针变量 q 保存 p 的地址
```

又如:

```
char * name[7] = {"Monday","Tuesday","Wednesday","Thursday",
"Friday", "Saturday","Sunday"};//定义 name 为指针数组
char * *p = name;//定义指向字符型指针的指针变量 p
```

其中,name 是一个指针数组,它的每一个元素都是指针型数据,其值为地址,数组名 name 代表该指针数组的首地址,那么 name + i 是 name[i] 的地址,name + i 就是指向字符型指针型数据的指针。p 是指向字符型指针数据的指针变量。例如,使 p 指向指针数组元素,如图 8-18 所示。

name[0]	M	o	n	d	a	y	\0		
name[1]	T	u	e	s	d	a	y	\0	
name[2]	W	e	d	n	e	s	d	a	y	\0
name[3]	T	h	u	s	d	a	y	\0	
name[4]	F	r	i	d	a	y	\0		
name[5]	S	a	t	u	r	d	a	y	\0
name[6]	S	u	n	d	a	y	\0		

p

图 8-18　*p* 是指向指针的指针变量

【例 8-13】　编写函数,实现求 *N* 个字符串中最长的字符串。

```
#include"stdio.h"
#include"string.h"
void main( )
{
    char * longest_string(char * s[ ],int n);
    char * pm;
    char * cnm[ ] = {"Lasa","Shanghai","Shanxi","Dalian","Hangzhou"};
    pm = longest_string(cnm,5);  //指针数组名作函数参数
    printf("The longest string：% s\n",pm );
}
char * longest_string(char * s[ ],int n)
{
    char * q, * * p;//定义指向指针的指针变量 p
    q = * s;
    for( p= s;p< s+ n;p+ + ) //指向指针的指针 p 指向指针数组元素
      if (strlen( * p)> strlen(q))q=  * p;
    return q;
}
```

例 8-13　运行视频

程序运行结果如图 8-19 所示。

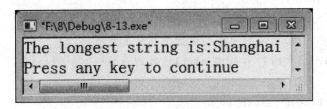

图 8-19　例 8-13 的运行结果

8.8 函数的指针和指向函数的指针变量

可以用指针变量指向整型变量、字符串、数组，也可指向一个函数。一个函数在编译时要占用一段内存单元，这段内存单元的首地址就是函数的指针。和数组名代表数组首地址一样，函数名也代表了函数的首地址。可以用指针变量指向数组，也可以用一个指针变量指向函数，并通过指针变量引用它所指向的函数。

定义指向函数的指针变量的一般形式如下：

数据类型标识符(＊指针变量名)（）；

与数组指针变量的定义类似，"＊指针变量名"外的括号是不可少的，否则就变成定义返回指针值的函数。在定义中，"（＊指针变量名)"后的括号表示指针变量所指向的目标是一个函数。"数据类型标识符"是定义指针变量所指向的目标函数的类型。例如：

```
int  (＊p)( );  //定义一个指向整型函数的指针变量 p
float  (＊q)( );//定义一个指向单精度类型函数的指针变量
```

可以用函数名给指向函数的指针变量赋值，其形式如下：

指向函数的指针变量＝[&]函数名；

注意：函数名后不能带括号和参数，而函数名前的"&"符号是可选的。用指向函数的指针变量引用函数的一般形式如下：

（＊函数指针变量)（实参表)

运用指向函数的指针变量调用函数时，指向函数的指针变量应具有被调用函数的首地址。与用函数名调用函数一样，实参表应与形参表相对应。

【例 8-14】 求 a 和 b 中的较大者。

```
#include"stdio.h"
void main( )
{
    int max(int x,int y);
    int a,b,c;
    int (＊p)( );//定义指向整型函数的指针变量 p
    p = max;//函数指针 p 指向 max()函数的地址
    printf("INPUT 2 INTEGER :", c);
    scanf("%d%d",&a,&b);
    c = (＊p)(a,b);//通过函数指针 p 调用函数
    printf("max = %d\n",c);
}
int max( int x,int y )
{return ( x > y? x:y ); }
```

例 8-14 运行视频

程序运行结果如图 8-20 所示。

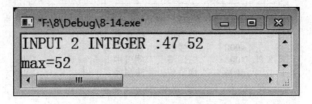

图 8-20 例 8-14 的运行结果

8.9 图书管理系统案例

1. 问题陈述

定义指针数组,输出图书基本信息。

2. 输入输出描述

输入数据:静态输入 4 条图书信息。

输出数据:图书编号、图书名称、作者。

3. 源代码

```c
/ * Author:《程序设计基础(C)》课程组
   * Discription:输出图书编号、图书名称、作者 * /
#include < stdio. h>
int main()
{
    char * p[] = {"        s001 西游记    吴承恩",
                 "        s002 红楼梦    曹雪芹",
                 "        s003 三国演义  罗贯中",
                 "        s004 水浒传    施耐庵"};
    char * * q = p;
    printf(" **********************************************\n");
  printf("书号      书名      作者      \n");
    int k;
    for(k = 0;k < 5;k + + )
        printf(" % s\n", * (q + k));
    return 0;
}
```

图书管理 3

程序运行结果如图 8-21 所示。

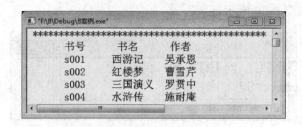

图 8-21　图书管理系统案例运行结果

本 章 小 结

本章首先介绍了指针的基本概念,包括指针变量的定义、运算及引用,以及多级指针的概念,然后介绍了指针与数组的关系,包括指针与一维和二维数组的关系、指针与字符串的关系。指针是 C 语言的重要数据类型,同时也是 C 语言的重要特征和精华所在。正确灵活地使用指针,可以有效地表达复杂的数据类型,方便地使用数组和字符串在函数之间传送数据,还可以使程序简洁、紧凑和高效。

习 题 8

1. 选择题

(1) 变量的指针,其含义是指该变量的(　　　)。

A. 值　　　　　　　　　B. 地址　　　　　　　　C. 名　　　　　　　　D. 一个标志

(2) 若有以下定义,则 $p+5$ 表示(　　　)。

```
int a[10], * p = a;
```

A. 元素 $a[5]$ 的地址　　　　　　　　　　　B. 元素 $a[5]$ 的值

C. 元素 $a[6]$ 的地址　　　　　　　　　　　D. 元素 $a[6]$ 的值

(3) 有如下语句"int a = 10,b = 20, * p1, * p2; p1 = &a; p2 = &b;",若要让 $p1$ 也指向 b,则可选用的赋值语句是(　　　)。

A. * p1 = * p2;　　　B. p1 = p2;　　　C. p1 = * p2;　　　D. * p1 = p2;

(4) 若已有说明"float * p,m＝3.14;",要让 p 指向 m,则正确的赋值语句是(　　　)。

A. p = m;　　　　B. p = &m;　　　　C. * p = m;　　　　D. * p = &m;

(5) 若有说明"int * p,m = 5,n;",则以下正确的程序段是(　　　)。

A. p = &n;　　　　　　　　　　　　　　B. p = &n;

　　scanf(" % d",&P);　　　　　　　　　　scanf(" % d", * p);

C. scanf(" % d",&n);　　　　　　　　　D. p = &n;

　　* p = n;　　　　　　　　　　　　　　* p = m;

2. 填空题

(1) 已有定义"int a, * p;",使指针 p 指向 a 的语句是_____,当 p 指向 a 后,与 p

等价的是_____,与 a 等价的是_____。

(2) 指针是一个特殊的变量,它里面存储的数值被称为_____。

(3) 当把一个数组名传递给一个函数时,实际上传递的是_____。

(4) 已有定义语句"static int a[5]={1,2,3,4,5},*p=&a[0];",则与 $p=\&a[0]$ 等价的语句是_____,*(p+1)的值是_____,*(a+1)的值是_____。

(5) 以下程序段的输出结果是_____。

```
int   a[]={10,0,20};
int   *k=a+2;
printf("%d",*k--);
```

3. 编程题

(1) 输入 3 个字符串,按由小到大的顺序输出。

(2) 输入 1 个字符串,统计字符串中每个字符出现的次数。

(3) 输入 1 个字符串,把该字符串的前 3 个字母移到最后,输出变换后的字符串。如输入"abcdef",则输出为"defabc"。

第9章 自定义数据类型

【学习目标】

- 掌握定义和使用结构体变量
- 理解使用结构体数组和结构体指针
- 掌握共用体类型和枚举类型
- 掌握用 typedef 声明新类型名

C 语言定义的数据类型有 int、float、char 等,程序设计者可在程序中直接用它们来定义变量,解决一些简单问题。在实际应用中,只有这些数据类型是不够的,C 语言允许用户根据需要建立一些数据类型,用它来定义变量。

9.1 结构体类型

前面介绍过 C 语言的数据类型及分类。关于构造类型,我们曾介绍了数组的有关概念。用数组可以解决一些问题,但有些问题用数组不能解决。比如,有时需要将不同类型的数据组成一个有机的整体,这个整体中的数据之间有一定的关系。假设有一份学生信息,其中包括学号、姓名、性别、年龄、籍贯和入学成绩等属性,如表 9-1 所示。

表 9-1 学生信息表

学号	姓名	性别	年龄	籍贯	入学成绩
1314001	王力	男	18	山西省长治市	520

显然姓名、性别、年龄等数据都是一个人的相关信息。这样的问题是不能用数组来解决的,因为这些信息的数据类型不同,而数组中各元素的数据类型必须相同。那么能否用 6 个单个的变量来表示这些信息呢?从语法角度来看是可以的,但单个变量很难体现出这些数据之间的内在联系。类似这样的问题在实际应用中非常普遍,这些数据既不能用数组表示,也不宜设置成单个变量。为了解决这方面的问题,C 语言提供了一种新的数据类型,就是结构体。

9.1.1 结构体类型的定义

定义结构体类型的一般形式如下:

```
struct 结构体类型名
{
```

成员表列

```
};
```

其中,struct 是关键字,作为定义结构体数据类型的标志,其后面紧跟的是结构体类型名,由用户自行定义。大括号内是结构体的成员表列,其中说明了结构体所包含的成员及其数据类型。大括号外的分号不能省略,表示结构体类型说明的终止。

成员表列由若干个成员(也称为数据项或分量)组成,每个成员都是该结构体类型的一个组成部分。对每个成员也必须做类型说明,其形式如下:

```
类型说明符 成员名;
```

成员名的命名方法应符合标识符的命名规定。

例如,对学生信息结构体类型的定义,假设学生信息的必要项目有学号(num)、姓名(name)、性别(sex)、成绩(score)等。

```
struct student_type
{  long   num;
   char   name[20];
   char   sex;
   float score;
};
```

在这个结构体类型定义中,结构体类型名为 student_type,该结构体类型由 4 个成员组成。第 1 个成员为 num 长整型变量;第 2 个成员为 name 字符数组;第 3 个成员为 sex 字符变量;第 4 个成员为 score 实型变量,定义结构体类型之后,即可进行变量说明。凡说明为结构体类型 student_type 的变量都由上述 4 个成员组成。

由此可见,结构体类型是一种复杂的数据类型,是数目固定、类型不同的若干有序变量的集合。

关于结构体类型有以下几点需要说明。

(1) 结构体类型中的成员,既可以是基本数据类型,也可以是另一个已经定义的结构类型。例如:

```
struct date   //声明结构体类型 date
{ int month;
  int day;
  int year;
};
struct student_type   //声明结构体类型 student_type
{ long   num;
  char   name[20];
  char   sex;
  struct date birthday; //成员 birthday 的类型为 struct date
  float score;
```

```
} stul,stu2;
```

首先定义一个结构体类型 date,它由 month、day 和 year 3 个成员组成。再定义结构体类型 student_type,其中的成员 birthday 为结构体类型 date,即成员 birthday 由 month、day 和 year 3 个成员组成。此时,结构体类型 student_type 的结构如表 9-2 所示。

表 9-2　结构体类型 student_type 的结构

num	name	sex	birthday			score
			month	day	year	

（2）数据类型相同的成员,既可逐个、逐行分别定义,也可合并成一行定义。例如,上述日期结构体类型的定义可改写为如下形式。

```
struct date{int year,month,day;};
```

（3）结构体类型中的成员名,可以与程序中的变量同名,但它们代表的是不同的对象,互不影响。

（4）定义结构体类型可以在函数的内部进行,也可以在函数的外部进行。在函数内部定义的结构体,其作用域仅限于该函数内部,而在函数外部定义的结构体,其作用域是从定义处开始到本源程序文件结束。

总之,结构体类型的定义只是描述结构体类型数据的组织形式,它规定这个结构体类型使用内存的模式,并没有分配一段内存单元来存放各数据项成员。只有定义了这种类型的变量,系统才会为变量分配内存空间,占据存储单元。

9.1.2　结构体变量

用户自定义的结构体类型,与系统定义的标准类型（int、char 等）一样,均可用来定义变量的类型。定义结构体变量的方法有以下几种形式。

1. 先定义结构体类型,再定义结构体类型变量

例如,利用学生信息结构体类型的定义,定义相应的结构体变量。结构体类型变量 student1、student2 拥有结构体类型的全部成员。用这种方式定义结构体类型变量的一般形式如下:

struct 结构体类型名 结构体变量名表;

2. 在定义结构体类型的同时,定义结构体类型变量

例如,对结构体类型变量 student1 和 student2 的定义,可以改为如下形式:

```
struct student_type
{
    ...
} studentl,student2;
```

被定义的结构体变量 student1 和 student2 直接在结构体类型定义的大括号后、分号前给出。如果编程需要,还可以使用 struct student_type 定义其他的变量。用这种方式定义结构体变量的一般形式如下：

struct 结构体类型名

｛成员表列；｝结构体类型变量表；

3. 直接定义结构体类型变量

例如：

struct

｛ ···

｝ studentl,student2;

此时只是直接定义了两个结构体变量 student1 和 student2 为上述结构体类型。这种形式由于省略了结构体类型名，因此也就不能用它来定义其他的变量。用这种方式定义结构体变量的一般形式如下：

struct

｛

成员表列；

｝结构体类型变量表；

【说明】 结构体类型与结构体类型变量是两个不同的概念，其区别如同 int 类型与 int 型变量。只能对变量进行赋值、存取或运算，而不能对类型进行赋值、存取或运算。在编译时，对类型是不分配内存单元的，只对变量分配内存单元。

就像声明一个普通变量那样，系统将为结构体类型变量分配存储单元，存储单元的大小取决于变量的数据类型。在这里，当声明一个结构体类型变量时，系统同样要为结构体类型变量分配存储单元，其大小为该结构体类型变量各个成员所占内存单元之和。同样，系统也要为其分配一段连续的存储单元，依次存储各成员数据。

在程序中使用结构体变量时，一般情况下不把结构体变量作为一个整体参与数据处理，而是用结构体变量的各个成员来参与各种运算和操作。例如，赋值、输入、输出、运算等操作，都是通过结构体变量的成员来实现的。

引用结构体变量成员的一般形式如下：

结构体变量名.成员名

例如：

studentl.num   //即 studentl 的学号 num。

如果结构体变量的成员本身又是一个结构体类型的数据，那么必须逐级找到最低级的成员才能使用。例如：

studentl.birthday.month = l2;

studentl.birthday.day = 25;

studentl.birthday.year = l990;

关于结构体变量有如下几点说明。

（1）结构体成员是结构体变量中的一个数据，成员项的数据类型是在定义结构体类型时定义的。对于结构体类型变量的成员，可以进行何种运算是由其类型决定的。允许参加运算的种类与相同类型的简单变量的种类相同。例如：

```
student2.score = student1.score + 10;
sum = student2.score + student1.score;
student1.num ++;
```

（2）可以引用结构体变量成员的地址，也可以引用结构体变量的地址。例如：

```
scanf("%f",&student1.score);//输入 student1.score 的值
printf("%x",&student2);//输出 student2 的首地址
```

（3）结构体变量的地址主要用作函数参数，传递的是结构体变量的地址。

（4）一个结构体变量也可以作为一个整体来引用。

C语言允许两个相同类型的结构体变量之间相互赋值，这种结构体类型变量之间赋值的过程是将一个结构体变量的各个成员的值赋给另一个结构体变量的相应成员。下面的赋值语句是合法的。

```
student2 = student1;
```

C语言不允许用赋值语句将一组常量直接赋值给一个结构体变量。下面的赋值语句是不合法的。

```
student2 = { 80511,"Zhang San",'M', {5,12,1980},87.5 };
```

（5）结构体类型变量也可以进行初始化。

结构体变量初始化的格式与一维数组的初始化相似。不同的是，如果结构体变量的某个成员本身又是结构体类型，则该成员的初值为一个初值表。例如：

```
struct student_type stud = { 80511,"Zhang San",'M',{ 5,12,1980 },87.5 };
```

注意：结构体变量的各个成员初值的数据类型，应该与结构体变量中相应成员的数据类型一致，否则会出错。

【例 9-1】 结构体变量应用。

```
#include"stdio.h"
#include"string.h"
struct student
{ long int num;
  char name[20];
  char sex;
  char addr[30];
};
void main()
```

例 9-1 运行视频

```
{ struct student s;
  printf ("Input num:");
  scanf (" % ld",&s.num );
  printf ("Input name:");
  scanf (" % s",s.name );
  printf ("Input sex:");
  scanf (" % c",&s.sex );
  printf ("Input address:");
  gets ( s.addr );
  printf ("\nOUTPUT:\n");
  printf ("\tNO.: % ld\n", s.num );
  printf ("\tname: % s\n", s.name );
  printf ("\tsex: % c\n", s.sex );
  printf ("\taddress: % s\n", s.addr );
}
```

程序运行结果如图 9-1 所示。

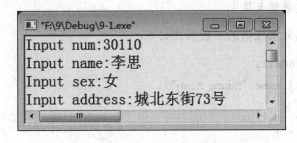

图 9-1 例 9-1 的运行结果

9.1.3 结构体数组

数组元素可以是简单数据类型,也可以是构造类型。当数组的元素是结构体类型时,就构成了结构体数组。结构体数组是具有相同结构体类型的变量集合。其定义的一般形式和前面定义结构体变量相同,只是把变量名改为数组名即可。

(1) 先定义结构体类型,再定义结构体类型的数组。其一般形式如下:

struct 结构体类型名 结构体数组名[数组长度];

例如:

struct student_type

```
{  int num;
   char   name[20];
   char   sex;
```

```
    int   age;
    float score;
    };
struct student_type class[30];
```

定义了一个结构体类型的数组 class，该数组共有 30 个元素。每个数组元素都具有 struct student_type 的结构体类型。

（2）在定义结构体类型的同时定义结构体数组。其一般形式如下：

```
struct 结构体类型名
{
  成员表列
}结构体数组名[数组长度];
```

（3）直接定义结构体类型数组。其一般形式如下：

```
struct
{
   成员表列;
}结构体数组名[数组长度];
```

引用结构体数组元素成员的一般形式如下：

```
class[0].num = 80611;
strcpy(class[1].name,"Huang Ming");
class[2].sex = 'M';
class[3].age = 19;
class[4].score = 77.5;
```

与其他类型的数组一样，可以对结构体数组进行初始化。例如：

```
struct student_type
{   int   num;
    char  name[20];
    char  sex;
    int   age;
    float score;
};
struct student_type st[3] = {{80601,"Zhangsan",'M',19,85.0},
{80602,"Lisi",'F',18,91.5},
{80603,"Wangdashan",;M;,20,76.5}}
```

以上定义了一个数组 st，其元素为 struct student_type 类型数据，st 数组共有 3 个元素，各元素在内存中连续存放，如表 9-3 所示。

表 9-3　结构体数组的初始化

	num	name	sex	age	score
st[0]	80601	zhangsan	M	19	85.0
st[1]	80602	lisi	F	18	91.5
st[2]	80603	wangdasan	M	20	76.5

在定义数组 st 时,元素个数可以不指定,即可以写成以下形式:

struct student_type st[ ] ＝ 　{ {…},{…},{…} };

编译时,系统会根据所给出初值的个数来确定数组元素的个数。

【例 9-2】　学生成绩排序。

已知若干个学生的姓名、学号和某门课程成绩,编写程序,对学生记录按成绩从高分至低分进行排序,输出排序后的学生表,并输出对应学生的名次。

例 9-2　运行视频

```c
#include"stdio.h"
#include"string.h"
#define N 2
struct student_type
{
    long num;
    char name[20];
    float score;
};
void main( )
{
    int i,j,k;
    struct student_type p[N],temp;
    //输入 N 个学生信息:学号、姓名和某课程成绩
    for( i＝ 0;i＜N;i＋＋)
    {
        printf("输入第％d个学生的学号:", i＋1);
        scanf ( "％ld",&p[i].num );
        printf("输入第％d个学生的姓名:", i＋1);
        scanf ( "％s",p[i].name );
        printf("输入第％d个学生的成绩:", i＋1);
        scanf ( "％f",&p[i].score );
        printf("\n");
    }
    for ( i＝ 0;i＜N－1;i＋＋)
```

```
    {
        k = i;
        for ( j = i + 1;j < N;j + + )
        {
            if ( p[j].score > p[k].score ) k = j;
        }
        temp.num = p[i].num;temp.score = p[i].score;
        strcpy(temp.name,p[i].name);
        p[i].num = p[k].num;p[i].score = p[k].score;
        strcpy(p[i].name,p[k].name);
        p[k].num = temp.num;p[k].score = temp.score;
        strcpy(p[k].name,temp.name);
    }
    printf("\n * * * * * * * * * * * * * * 输出表  * * * * * * * * * * * * * * * \n");
    printf("\n 名次 学号 姓名 成绩\n");
    for ( i = 0;i < N;i + + )
        printf(" % - 6d % ld % - 15s % 6f\n",i + 1,p[i].num,p[i].name,p[i].score);
}
```

程序运行结果如图 9-2 所示。

图 9-2 例 9-2 的运行结果

9.1.4 结构体指针

1. 指向结构体变量的指针

当一个指针变量用来指向一个结构体变量时,我们称之为结构体指针变量。结构体指针变量中的值是所指向的结构体变量的首地址。通过结构体指针即可访问该结构体变量,这与数组指针和函数指针的情况是相类似的。

声明结构体指针变量的一般形式如下:

```
struct 结构体类型名 * 结构体指针变量名;
```

其中,"结构体类型名"必须是已经被定义过的结构体类型。

例如,声明一个指向结构体变量的指针变量。

```
struct student_type
{int  num;
  char * name;
  char sex;
  int  age;
  float score;
};
struct student_type stud;
struct student_type * ps;
int a,b,c;
```

结构体指针变量的定义规定了其特性,并为结构体指针变量分配了内存单元。在使用结构体指针变量前,必须通过初始化或赋值运算的方式将具体的某个结构体变量的存储地址赋值给它。这时要求结构体指针变量与结构体变量必须属于同一结构体类型。例如,ps=&a;是错误的。因为变量 a 的数据类型与指针变量 ps 的基类型不相同。ps = &studeng_type;也是错误的,因为 student_type 是结构体类型名,不占用存储单元,因而没有内存地址。

```
ps = &stud;
```

上述格式是正确的,因为变量 stud 的数据类型与指针变量 ps 的基类型相同。

在这里,结构体指针变量 ps 指向结构体类型变量 stud,因此,结构体类型变量 stud 的成员(如 score)可以表示为如下形式。

```
"stud.score"或者( * ps).score
```

注意: * ps 两边的括弧不可省略,因为成员运算符"."的优先级高于运算符" * "。

在 C 语言中,为了直观和使用方便,可以把(* ps).score 改用 ps—> score 来代替,即结构体指针变量 ps 所指向的结构体变量中的 score 成员。同样,(* ps).name 等价于 ps—> name。也就是说,当一个结构体指针变量指向一个结构体类型变量时,以下 3 种形式是等价的。

(1)结构体类型变量.成员名

(2)(* 结构体指针变量).成员名

(3)结构体指针变量—>成员名

其中,"—>"也是一种运算符,称为指向运算符,它表示的意义是结构体指针变量所指向的结构体数据中的成员。

【例 9-3】 通过结构体指针引用结构体变量的成员。

```
# include"stdio.h"
# include"string.h"
```

```
struct student
{ long num;
  char name[20];
  char sex;
  float score;
};
void main( )
{ struct student stud, * p = &stud;
  stud.num = 99301;
  strcpy(stud.name,"Zhangsan");
  ( * p). sex = 'M';
  ( * p). score = 84.5;
  printf("NO.:\t%ld\n",( * p). num);
  printf("name:\t%s\n",p -> name);
  printf("sex:\t%c\n",p -> sex);
  printf("score:\t%s\n",p -> score);
}
```

例 9-3　运行视频

程序运行结果如图 9-3 所示。

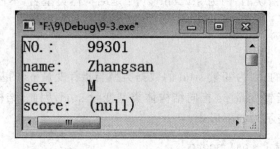

图 9-3　例 9-3 的运行结果

　　既然结构体类型指针变量可以指向一个结构体变量,那么结构体类型指针变量也可以指向一个结构体数组。这时结构体指针变量的值是整个结构体数组的首地址。同样,结构体指针变量也可指向结构体数组的一个元素,这时结构体指针变量的值是该结构体数组元素的首地址。设 ps 为指向结构体数组的指针变量,则 ps 指向该结构体数组的 0 号元素,ps+1指向 1 号元素,ps+i 则指向 i 号元素,这与普通数组的情况是一致的。

　　若有以下声明,

```
struct student_type
{ long num;
  char * name;
  char sex;
  int   age;
  float score;
```

```
};
struct student_type st[3] = {{80601,"Zhangsan",'M',19,85.0},
{80602,"Lisi",'F',18,91.5 },
{80603,"Wangshan",'M',20,76.5}};
struct student_type * ps = st;
```

则需要注意以下两点。

(1) 结构体指针变量 ps 的初值为 st,即 ps 保存结构体数组 st 的首地址,ps 指向数组 st 的第一个元素,即 ps 的值为 &st[0],以此类推,ps+1 的值为 &st[1]。那么,可以有下面的表达式。

(++ps)->num //使 ps 自加 1,然后得到其所指元素的 num 成员值,即 80602
(ps++)->num //得到 ps->num 的值,即 80601,然后使 ps 自加 1,指 st[1]

(2) ps 已定义为指向 struct student 类型数据的指针变量,它只能指向一个此结构体类型数据。也就是说,ps 只能用来保存 st 数组的某个元素的起始地址,而不能指向结构体类型数据的某一成员,即 ps 不能用来保存数组元素的某一成员的地址。例如,ps= &st[1];是正确的,而 ps= &st[0].num;是错误的。

【例 9-4】 通过结构体指针对结构体数组进行操作。

例 9-4　运行视频

```
#include"stdio.h"
#include"string.h"
struct student
{
    long num;
    char name[20];
    char sex;
    float score;
    char addr[30];
};
void main( )
{
    struct student stu[3] =
    { {99301,"Zhangsan",'M',93.0,"No.4 Jinhua Road"},
        {99312,"Lisi",'M',76.0,"No.102 Lianhu Road"},
        {99323,"Susan",'F',87.0,"No.32 Heping Road"} };
    struct student * p;
    printf(" No.   Name  Sex  Score  Address\n");
    for ( p= stu;p< stu+ 3;p++ )
        printf(" % 6ld % - 13s % c\t % 3.1f\t % - 30s\n",
                p->num,p->name,p->sex,p->score,p->addr);
}
```

程序运行结果如图 9-4 所示。

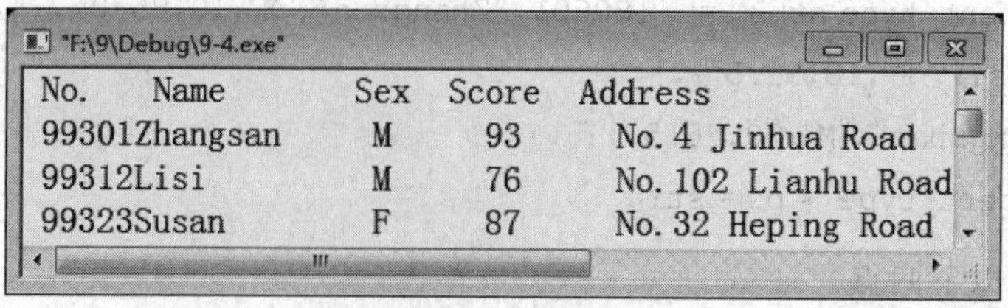

图 9-4　例 9-4 的运行结果

2. 用指向结构体类型数据的指针作函数参数

在 ANSIC 标准中,允许用结构体变量作函数参数进行整体传递,但是要求将全部成员逐个传递,尤其是当成员为数组时会使传递的时间和空间开销很大,严重地降低了程序的效率。最好的办法就是使用指针,即用指向结构体类型数据的指针变量作函数参数进行传递。这时由实参传递给形参的只是结构体类型数据的地址,通过结构体指针形参来对结构体类型数据进行操作,从而减少了时间和空间的消耗。

【例 9-5】 用指向结构体数组元素的指针作函数参数。

例 9-5　运行视频

```c
#include"stdio.h"
#include"string.h"
struct student
{
  long num;
  char name[20];
  char sex;
  int   score[4];
};
void scorecpt(struct student * p)
{
  int i,sum;
  for (i = 0;i < 4;i + +)
    sum = sum + p -> score[i];
}
void main()
{
  struct student * p;
  struct student st[5] = {{99301,"Zhangsan",'F',{85,76,92,69}},
  {99302,"Lisi",'M',{74,80,71,62}},
  {99303,"Wangjing",'M',{68,88,74,78}},
  {99304,"Huangming",'F',{73,68,82,75}},
  {99305,"Liuxiang",'M',{86,78,83,90}}};
  printf("\t 用指向结构体数组元素的指针作函数参数\n");
```

```
printf("\n 学号\t 姓名\t\t 语文\t 英语\t 数学\t 计算机\t");
for(p = st;p < st + 5;p + + )
{
    scorecpt(p);
    printf("\n % ld",p -> num);
    printf("\t % - 10s",p -> name );
    printf("\t % d",p -> score[0]);
    printf("\t % d",p -> score[1]);
    printf("\t % d",p -> score[2]);
    printf("\t % d",p -> score[3]);
}
    printf("\n");
}
```

程序运行结果如图 9-5 所示。

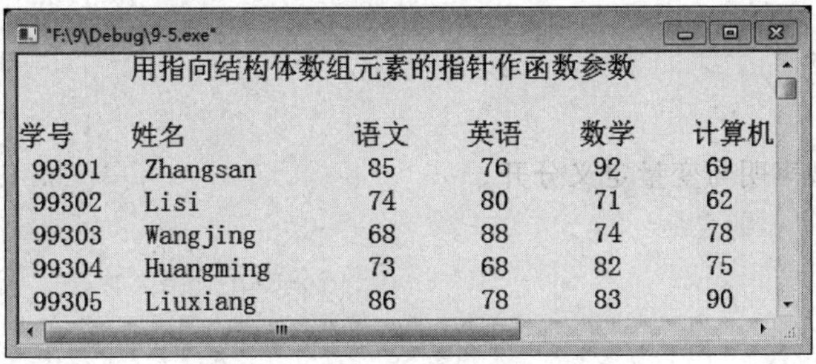

图 9-5 例 9-5 的运行结果

9.2 共用体数据类型

9.2.1 共用体类型的定义

在某些应用场合中,需要一个变量在不同的时候具有不同类型的值,这些不同类型的值所占用的存储空间当然也可能是不同的。例如,设计一个统一的结构来保存学生和教师的信息。无论是学生还是教师,都包括编号、姓名、性别和出生日期等信息。此外,对于学生还有班级编号信息,对于教师还有所属部门的信息。显然,班级编号和所属部门是不同类型的数据。要使这两种不同类型的数据能存放在同一个地方且占据同样大小的存储空间,只有利用共用体(也称为联合体)来解决这个问题。

与结构体类型相似,共用体也是一种数据类型,共用体类型的定义及共用体变量的定义方法与结构体的相应定义和方法是相同的,只要将结构体类型定义和结构体变量定义中的关键字 struct 改成关键字 union 即可。

定义共用体类型的一般形式如下:

```
union   共用体类型名
{
    成员表列;
};
```

在这里,"成员表列"定义与结构体类型时成员表列相同,共用体类型成员表列也是由若干成员组成的,每个成员都是该共用体类型的一个组成部分。每个成员也必须作类型说明,其一般形式如下:

类型说明符 成员名;

同样,成员名的命名方式也应符合标识符的命名规定。

例如:

```
union data
{
    int    i;
    float  f;
    char   ch;
} a,b,c;
```

也可以将类型声明与变量定义分开。

```
union data
{
    int    i;
    float f;
    char ch;
}
```

union data a,b,c;

共用体与结构体有一些相似之处,但两者有本质上的不同。在结构体中,各成员有各自的存储单元,一个结构体类型变量所占用存储单元的大小是各成员所占用存储单元大小之和。在共用体中,各成员共享一段存储单元,一个共用体类型变量所占用的存储单元的大小等于各成员中所占用存储单元最大者的值。

9.2.2　共用体变量的引用

引用共用体变量成员的一般形式如下:

共用体变量名.成员名

例如:

```
union data
{
    int      i;
```

```
    float       f;
    char        ch;
}a,b,c;
```

此时,a、b、c 为共用体变量。下面的引用是正确的。

```
a.i   //引用共用体变量 a 中的整型成员 i
a.f   //引用共用体变量 a 中的实型成员 f
a.ch  //引用共用体变量 a 中的字符型成员 ch
```

但不能引用共用体变量,例如:

```
printf("%d",a);
```

这是错误的。

在使用共用体类型数据时应注意以下几点。

(1) 任一时刻共用体类型变量只有一个成员起作用。共用体类型变量中起作用的成员是最后一次存取的成员。

(2) 共用体变量各成员的内存起始地址是相同的,共用体变量的内存起始地址和各成员的地址是相同的。

(3) 对共用体变量赋值时需要注意以下几点。

① 不能对共用体变量名赋值。例如,有一个共用体类型变量 a,下面的语句是错误的。

```
a = 13;       //将一个整型常量赋值给共用体变量 a
a = 3.14;     //将一个实型常量赋值给共用体变量 a
a = 'A';      //将一个字符型常量赋值给共用体变量 a
```

② 不能企图引用共用体变量来得到一个值。例如,有共用体类型变量 a、b,下面的语句是错误的。

```
b = a;
printf("%d",a);
```

③ 不能在定义共用体变量时进行初始化,例如,下面的初始化语句是错误的。

```
union data a = 100;
union data a = {13,3.14,'M'};
```

(4) 共用体成员的数据类型可以是基本数据类型、数组、指针,也可以是结构体类型。

(5) 共用体变量不能用作函数的参数,但是共用体变量的成员可以用作函数的参数。

(6) 可以使用指向共用体变量的指针。

(7) 可以定义共用体数组。

(8) 共用体类型可以作为结构体成员的类型。

9.2.3 共用体的应用

【例 9-6】 从键盘输入一个整数,显示与该整数对应的枚举常量所表示的水果的英文名称。

```
#include"stdio.h"
enum fruits{watermelon,peach,strawberry,banana,apple,pineapple};
int main( )
{
  char fts[ ][20]=
{"watermelon","peach","strawberry","banana","apple","pine-
apple"};
  enum fruits x;
  int k;
  printf("input k=(0~5):");
  scanf("%d",&k);
  x=(enum fruits)k;
  printf("%s\n",fts[x]);
  return 0;
}
```

例 9-6　运行视频

程序运行结果如图 9-6 所示。

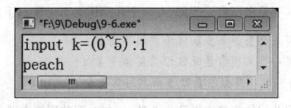

图 9-6　例 9-6 的运行结果

9.3　枚举数据类型

在实际问题中,有些变量的取值被限定在一个有限的范围内。例如,一个星期只有 7 天,一年只有 12 个月等。如果把这些变量声明为整型、字符型或其他类型显然是不妥当的。为此,C 语言提供了一种枚举类型。在枚举类型的定义中列举出所有可能的取值,被声明为该枚举类型的变量的取值不能超过其定义的范围。应该说明的是,枚举类型是一种基本的数据类型,而不是一种构造类型,因为它不能被分解为任何基本数据类型。

定义枚举类型的一般形式如下:

enum 枚举类型名{枚举值表 };

在枚举值表中应一一列出所有可用值,这些值称为枚举元素。枚举元素是用户定义的标识符,这些标识符并不自动地代表什么含义。例如,不因为写成 sun(不写 sun 而写成 sunday 也可以),就自动代表"星期天"。用什么标识符代表什么含义,完全由程序员决定,并在程序中作相应的处理。

例如：

enum weekday { sun,mon,tue,wed,thu,fri,sat };

该枚举类型名为 weekday,枚举值共有 7 个,即一周中的 7 天。凡被声明为 weekday 类型的变量,其取值只能是 7 个枚举值中的某一个。

声明枚举类型后就可以定义枚举类型变量了。在定义枚举类型变量时,可以先定义枚举类型,然后定义变量。例如：

enum weekday workday,weekend;

也可以在声明枚举类型的同时定义枚举类型变量。例如：

enum weekday { sum,mon,tue,wed,thu,fri,sat } workday,weekend;

在进行编译的时候,将枚举元素按常数处理,故称枚举常量。枚举元素不是变量,不能对枚举元素赋值。例如：

sun = 0;

mon = 1;

上述语句是错误的。

此外,枚举元素不是字符常量,也不是字符串常量,使用时不能用引号对其标注。

枚举元素作为常量是有值的,在编译的时候,按枚举元素定义的顺序使其值分别为 0, 1,2,3,…。

enum weekday { sum,mon,tue,wed,thu,fri,sat } workday,weekend;

sun 的值为 0,mon 的值为 1,…,sat 的值为 6。若有如下赋值语句,

workday = mon;

则 workday 变量的值为 1。这个整数是可以输出的。例如：

printf (" % d",workday);

将输出整数 1。

也可以改变枚举元素的值,在定义时由程序员指定。例如：

enum weekday{sun = 7,mon = 1,tue,wed,thu,fri,sat } workday,weekend;

指定义枚举元素 sun 的值为 7,mon 的值为 1,之后的枚举元素的值按顺序依次加 1,枚举元素 sat 的值为 6。

枚举值可进行关系运算。例如：

if(workday = = mon) x = 1;

if (workday > sun) x = 2;

枚举值的关系运算规则是,按其在声明时的顺序号进行比较。如果在声明时没有人为指定枚举元素的取值,则第一个枚举元素的值为 0。故关系表达式 mon < sun 的值为 0,而关系表达式 sat > fri 的值为 1。

一个整数不能直接赋值给一个枚举类型变量。例如：

workday = 2;

上述语句是错误的。参与赋值运算的两个操作数（workday 和 2）属于不同的数据类型，应先进行强制类型转换才能赋值。例如：

workday = (enum weekday)2;

相当于将顺序号为 2 的枚举元素赋给枚举类型变量 workday，即相当于

workday = tue;

甚至可以是表达式。例如：

workday = (enum weekday)(5 − 3);

9.4 自定义类型

C语言不仅提供了丰富的数据类型，而且还允许用户自定义类型。即允许用户为数据类型取"别名"，类型定义符 typedef 可用来实现此功能。例如，有整型变量 a、b，其定义形式如下：

int a,b;

其中，int 是整型变量的类型说明符。整型的完整写法为"integer"，为了增加程序的可读性可对整型说明符 int 用 typedef 重新命名。例如：

typedef int INTEGER;

以后就可用 INTEGER 来代替 int 作整型变量的类型说明符了。

例如：

"INTEGER a,b;"等价于"int a,b;"

typedef 定义的一般形式如下：

typedef 原类型名 新类型名；

其中，"原类型名"为已存在的数据类型名，"新类型名"一般用大写字母表示，以便于区别。

用 typedef 进行类型定义，将对编程带来很大的方便，不仅使程序书写简单而且使意义更为明确，因而增强了程序的可读性。

1. 用 typedef 定义数组

typedef int NUM[50];   //声明 NUM 为长度为 50 的整型数组类型

NUM s1,s2;   //定义 s1、s2 为整型数组变量

变量 $s1$、$s2$ 的定义等效于如下语句。

int s1[50],s2[50]

2. 用 typedef 定义指针

```
typedef char * STRING;      //声明 STRING 为字符指针类型

STRING p,st[6];             //定义 p 为字符指针变量,st 为字符指针数组
```

p、st 的定义等价于如下语句。

```
char * p, * st[6];
```

3. 用 typedef 定义结构体类型

```
typedef struct student_type
{
    long      num;
    char      * name;
    int       age;
    char      sex;
} STUTP;
```

定义 STUTP 表示结构体类型 struct student_type,然后可用 STUTP 来声明结构体变量。

"STUTP stul,stu2;"等价于"struct student_type stul,stu2;"。

以下是关于 typedef 的几点说明。

(1) 用 typedef 可以声明各种类型名,但不能用来定义变量。

(2) 用 typedef 只是对已经存在的类型增加一个别名,并没有创造出新类型。

(3) typedef 与 #define 有相似之处。例如:

```
"typedef int COUT;"和"# define int COUT"
```

这两个语句的作用都是用 COUNT 代表 int,但它们是不同的。#define 是由预处理完成的,只能做简单的字符串替换;typedef 则是在编译时完成的,后者更为灵活方便。

综上所述,typedef 命令只是用新的类型名来代替已有的类型名,并没有为用户建立新的数据类型。使用 typedef 进行类型定义可以增加程序的可读性,并且为程序移植提供方便。

9.5　图书管理系统案例

1.问题陈述

定义图书结构体数组,输出图书基本信息。

2.输入输出描述

输入数据:输入 5 条图书信息。

输出数据:图书名称、作者、单价。

3.源代码

/ * Author:《程序设计基础(C)》课程组

图书管理 4

```
* Discription:已知借阅数量,输出图书名称、作者、单价和库存数量 */
#include<stdio.h>
#include<string.h>
#include<stdlib.h>
typedef struct node//图书信息的结构体
{
    char bookid[5];
    char bookname[20];
    char author[5];
}book;
book s;
void main()
{
    printf("请输入书号\n");
    scanf("%s",s.bookid);
    printf("请输入书名\n");
    scanf("%s",s.bookname);
    printf("请输入作者\n");
    scanf("%s",s.author);
    printf("   ********************************************\n");
    printf("书号      书名      作者      \n");
    printf("   %-7s%-12s%-10s\n",s.bookid,s.bookname,s.author);
}
```

程序运行结果如图 9-7 所示。

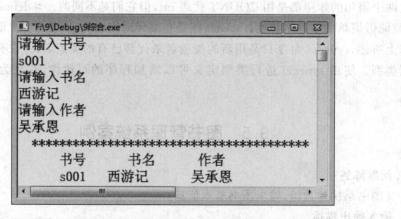

图 9-7　图书管理系统案例运行结果

本 章 小 结

本章介绍了结构体、共用体、枚举等用户自定义的数据类型的定义及使用方法。这些数据类型的特点是,当定义某一特定数据类型时,就限定了该类型的存储特性和取值范围。在实际应用中,我们常常会遇到复杂的数据,比如说,学生的个人信息(学号、姓名、性别、年龄、籍贯、班级),我们前面所学的任意一种数据类型都定义不了它,只能通过本章所学的结构体类型才可以解决这类问题。

习 题 9

1. 选择题

(1) 定义以下结构体类型:

```
struct  s
{   int   a;
    char  b;
    float f;
};
```

则语句"printf("%d",sizeof(struct s))"的输出结果为(   )。

A. 3   B. 7   C. 6   D. 4

(2) 定义一个结构体变量时,系统为它分配的内存空间是(   )。

A. 结构体中一个成员所需的内存容量

B. 结构体中第一个成员所需的内存容量

C. 结构体中占内存容量最大者所需的容量

D. 结构体中各成员所需内存容量之和

(3) 定义以下结构体数组:

```
struct c
{   int x;
    int y;
}s[2] = {1,3,2,7};
```

语句"printf("%d",s[0].x * s[1].x)"的输出结果为(   )。

A. 14   B. 6   C. 2   D. 21

(4) 定义以下结构体类型:

```
struct  student
{    char  name[10];
     int   score[50];
     float  average;
```

）stud1；

则 stud1 占用内存的字节数是（   ）。

A. 64   B. 114   C. 228   D. 7

（5）若有以下说明和定义语句，则变量 w 在内存中所占的字节数是（   ）。

```
union   aa {float x;float y;char c[6];};
struct  st {union aa v;float w[5];double ave;}w;
```

A. 42   B. 34   C. 30   D. 26

2. 填空题

（1）若程序中已经声明了一个结构类型以及结构变量，则访问该结构变量成员的形式是_____。

（2）结构类型的每个成员的数据类型可以是基本数据类型，也可以是_____类型。

（3）使用 sizeof()函数计算结构 struct list 的长度的表达式是_____。

（4）若有以下定义和语句：

```
struct{int   day;char   month; int   year;}a, * b = &a;
```

则 sizeof(a)的值是_____，sizeof(b)的值是_____。

（5）使用动态内存分配操作函数前在程序中一定要包含_____头文件。

3. 编程题

设计一个保存学生成绩信息的结构，包括学号、姓名、课程名、平时成绩、考试成绩、总评成绩。分别用函数实现以下功能。

（1）输入 n 个学生的信息（平时和考试成绩）。

（2）要求计算并输出学生的总分（平时 20％，考试 80％）。

（3）输出总分最高和最低的学生的信息。

第 10 章　预处理

【学习目标】

- 了解预处理的概念
- 掌握宏的定义的使用
- 熟悉文件包含的使用
- 了解条件编译

10.1　预处理器

在前面的章节里我们用过♯define 与♯include 指令,但没有深入讨论它们。这些指令,以及我们还没有学到的指令,都是由预处理器处理的。预处理器是一个小软件,它可以在编译前编辑 C 程序。

预处理器的行为是由指令控制的。这些指令是由"♯"字符开头的一些命令,前面我们遇见过其中两种指令,♯define 和♯include。

♯define 指令定义了一个宏——用来代表其他内容的一个名字,通常是某一类型的常量。预处理器会通过宏的名字和它的定义存储在一起来响应♯define 指令。当这个宏在后面的程序中使用到时,预处理"扩展"了宏,将宏替换为它所定义的值。

♯include 指令告诉预处理器打开一个特定的文件,将它的内容作为正在编译的文件的一部分"包含"进来。例如,指令♯include < stdio. h>指示预处理器打开一个名字为 stdio. h 的文件,并将它的内容加到当前的程序中。

图 10-1 说明了预处理器在编译过程中的作用。预处理器的输入是一个 C 语言程序,程序可能包含指令。预处理器会执行这些指令,并在处理过程中删除这些指令。预处理器的输出是另一个程序,是原程序编辑后的一个版本,不再包含指令。预处理器的输出被直接交给编译器,编译器检查程序是否有错误,并经程序翻译为目标代码(机器指令)。

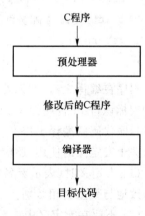

图 10-1　编译过程

在 C 语言的早期,预处理器是一个单独的程序,并将它的输出提供给编译器。如今,预处理器通常和编译器集成在一起(为了提高编译的速度)。

C 语言提供的预处理指令属于下面 3 种类型。

(1) 宏定义。♯define 指令定义了一个宏,♯undef 指令删除一个宏定义。

（2）文件包含。♯include 指令导致一个指定文件的内容被包含到程序中。

（3）条件编译。♯if、♯indef、♯ifndef、♯elif、♯else 和 ♯endif 指令可以根据编译器可以测试的条件将一段文本块包含到程序中或排除在程序之外。

10.2　宏　定　义

C 语言的宏定义分为两种:不带参数的宏定义和带参数的宏定义。

10.2.1　不带参数的宏

不带参数的宏定义的格式如下:

♯define　标识符 替换列表

标识符也称之为"宏名"。替换列表是一系列的 C 语言记号,包括标识符、关键字、数、字符常量、运算符和标点符号。当预处理器遇到一个宏定义时,会做一个"标识符"代表"替换列表"的记录。在文件后面的内容中,不管标识符出现在什么位置,预处理器都会用替换列表代替它。

【例 10-1】

```
♯include<stdio.h>
♯define  PI  3.1415926
int main()
{  double r,area;
   printf("请输入圆的半径:");
   scanf("%lf", &r);
   area = PI * r * r;
   printf("圆的面积为:%lf\n" , area );
   return 0;
}
```

例 10-1　运行视频

程序在编译之前,首先处理宏定义(即进行宏替换),将 C 语句"area = PI * r * r;"中出现的宏标识符 PI 替换为 3.141 592 6,即将这条语句处理成"area = 3.1415926 * r * r;"后再进行程序代码的编译工作。

关于宏定义的使用,还应该注意以下几点。

（1）宏定义时,表示宏名的标识符用大小写字符都可以,但最好采用大写字母,这样可以有效地与变量名相区别。

（2）不要在宏定义中放置任何额外的符号,否则它们会被作为替换列表的一部分。一种常见的错误是在宏定义中使用"="号。例如:

♯define N = 100

int a[N];　　//替换后会成为 int a[=100]

在宏定义的末尾使用分号结尾也是另一个常见错误。例如:

```
#define  N  100;
int a[N];     //替换后会成为 int a[100;]
```

（3）字符串常量中出现的宏标识符不能进行替换。例如：

```
#define  PI  3.1415926
printf("The value of PI is ：% f\n", PI);
```

则替换后的语句为：

```
printf("The value of PI is ：% f\n", 301415926);//字符串中的 PI 没有替换
```

（4）宏定义的作用域是从其定义位置起到所在源程序文件结束为止，也可以使用#un-def 或者不带替换列表的宏定义结束其作用域。例如，可以使用#undef PI 或#define PI 预处理命令结束"#define PI　3.1415926"宏定义的作用域。

（5）宏定义可以嵌套定义，即在定义一个宏定义时，可以直接引用前面定义好的宏名，但在调用时仅仅进行原样的替换操作，并不会进行其他处理。

【例 10-2】

```
# include < stdio.h >
#define M 3
#define N M + 2
#define S M * N
int main()
{ int x = S;
  printf("x = % d\n", x);
  return 0;
}
```

例 10-2　运行视频

对于上述程序，一种错误的理解方式是，M 替换成 3，N 替换成 5，S 则替换成 15，最后的输出结果为 $x = 15$。此时犯下了在宏替换过程中进行计算的错误，正确的应该是，M 替换成 3，N 替换成 3+2，S 则替换成 3 * 3 + 2，所以程序执行的正确结果是 $x = 11$。此例中如果想使结果输出 $x = 15$，则在宏定义中将"#define N M + 2"修改为"#defin N(M + 2)"即可。

（6）使用宏定义可以对程序的调试提供帮助。

【例 10-3】　保存从键盘输入的 100 个整型数据，并求出所有数据之和。

```
# include < stdio.h >
#define  N  5
int main()
{ int  a[N], sum = 0 , i ;
  for( i = 0; i < N; i + + )
  {
      scanf("% d", &a[i]);
      sum = sum + a[i];
  }
```

例 10-3　运行视频

```
    printf("sum = %d\n", sum);
    return 0;
}
```

如果程序直接定义长度为 100 的数组,那每次调试程序就需要输入 100 个数据,这样增加了调试的工作量。通过定义 ♯define N 5,例 10-3 中的程序在调试时仅需要输入 5 个数据即可。当程序调试成功后,只需要将宏定义语句改为"♯define N 100",然后编译即可。

10.2.2 带参数的宏

C 语言允许带有参数的宏。类似函数,在宏定义中的参数称为形式参数,在宏调用中的参数称为实际参数。对带有参数的宏,预处理时,应先用实参替代形参,再将宏展开。带参数的宏定义的一般形式如下:

♯define 标识符(形参表) 替换列表

形参表包含一个或多个参数,参数之间用逗号分隔,替换列表中应该含有形参名。

带参数宏的调用的一般形式如下:

宏名(实参表)

例如:

♯define L(x) x * x + 6   //宏定义
y = L(5);   //宏调用

在宏调用时,用实参 5 去代替形参 x,经预处理宏展开后的语句为"y = 5 * 5 + 6"。

【例 10-4】 用带参数的宏求两个数中较大的数。

```
#include < stdio.h >
#define  MAX(a,b)  (a>b)? a:b
int main()
{ int  x, y, max ;
  printf("请输入两个整数:\n");
  scanf("%d%d", &x, &y);
  max = MAX(x, y);
  printf("max = %d\n", max);
  return 0;
}
```

程序运行结果如图 10-2 所示。

关于带参数宏定义的使用,还应该注意以下几点。

(1) 宏名和形参表之间不能有空格,否则,C 语言编译系统将空格以后的所有字符均作为替代字符串,而将该宏视为无参数宏。

(2) 带参数宏定义中,为了避免当实际参数本身是表达式时出现起的宏调用的错误,在定义时最好将替换列表中出现的形式参数用括号括起来。

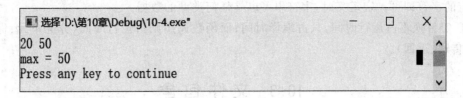

图 10-2 例 10-4 的运行结果

【例 10-5】

```
#include <stdio.h>
#define  PI  3.1415926
#define  S(r)  PI*r*r
int main()
{   double a, b, area1, area2 ;
    a = 2.6;   b = 3.2;
    area1 = S(a);     //求半径为 a 时的圆面积
    area2 = S(a + b);   //求半径为 a + b 时的圆面积
    printf("area1 = %lf\narea2 = %lf\n", area1, area2 );
    return 0;
}
```

例 10-5 运行视频

程序运行结果如图 10-3 所示。

图 10-3 例 10-5 的运行结果

通过对结果的分析可以看出,第一个结果是正确的,而第二个结果是错误的。语句 "area2 = S(a + b);" 被宏替换后变为 "area2 = 3.1415926 * a + b * a + b;",这显然不是求半径为 $a+b$ 的圆面积所需的表达式,所以结果是错误的。为避免出现这种问题,可以将宏定义改为 "#define S(r) PI * (r) * (r)",这样宏替换后的结果为 "area2 = 3.1415926 * (a + b) * (a + b);"。

(3) 带参数宏和带参数函数虽然很相似,但两者间有本质的区别。

① 函数调用时,先求出实参表达式的值,然后带入形参。而使用带参的宏只是进行简单的字符替换。

② 函数调用是在程序运行时处理的,分配临时的内存单元;而宏展开则是在编译时进行的,在展开时并不分配内存单元,不进行值的传递处理,也没有"返回值"的概念。

③ 对函数中的实参和形参都要定义类型,二者的类型要求一致,如不一致,应进行类型转换;而宏不存在类型问题,宏名无类型,它的参数也无类型,只是一个符号代表,展开时带

入指定的字符即可。宏定义时,字符串可以是任何类型的数据。

④ 宏替换不占运行时间,只占编译时间;而函数调用则占运行时间(分配单元、保留现场、值传递、返回)。

10.3　文件包含

文件包含是指一个程序文件将另一个指定文件的全部内容包含进来,使之成为源程序的一部分。文件包含在前面章节的例题中多次使用。

文件包含的编译预处理指令的一般形式如下:

♯include <文件名>或 ♯include "文件名"

文件包含预处理语句的功能是在编译本程序文件之前,将指定文件的内容嵌入到本文件之中的文件包含预处理语句处。一般放在源文件的开始部分,包含命令中的文件名可以用双引号或尖括号括起来。使用双引号时,系统先在本程序文件所在磁盘或路径下寻找包含文件,若找不到,再按系统规定的路径搜索包含文件;使用尖括号时,系统将按规定路径搜索包含文件。

文件包含在程序设计中非常重要。一个程序通常分为多个模块,由多个程序员分别编程。有些共用的数据(如符号常量和数据结构)和函数可组成若干个文件,凡是要使用其中的数据或调用其中的函数或程序,只要使用文件包含命令将所需文件包含进来即可。这样,可避免在每个文件开头都去书写那些共用量或函数,从而节省时间,并减少出错。

【例 10-6】　使用文件包含方式组合多源文件 C 程序。

首先创建 file1.c 文件,在该文件下写一个求阶乘的函数。

例 10-6　运行视频

```c
int fac(int n)
{   if (n == 0 || n == 1)
        return 1;
    else   return fac(n-1) * n;
}
```

再创建 file2.c 文件,该文件内容如下:

```c
♯include < stdio.h>
♯include "file1.c"
int main()
{   int n;
    printf("请输入一个整型数据:");
    scanf(" % d", &n);
    printf(" % d! = % d \n", n, fac(n));
    return 0;
}
```

例 10-6 中程序在处理预处理命令 ♯include "file1.c"时,将另一文件 file1.c 包含到本文件中一起构成一个完整的 C 程序后再进行后续处理。由于文件 file1.c 逻辑上被嵌入到 file2.c 文件开始处,使得被调用函数 fac()出现在对其调用之前,所以主函数中不需要对其进行声明。

在使用文件包含命令时,应注意以下几点。

(1) 一个 include 命令值指定一个被包含文件,若有多个文件要包含,则需要用多个 include 命令。

(2) 文件包含允许嵌套,即在一个被包含的文件中可以包含另一个文件。

(3) 当一个源程序中包含多个其他源文件时,一定要注意,所有这些文件中不能出现相同的函数名或全局变量名,且只能有一个 main()函数,否则编译时会出现重复定义的错误。

10.4　条　件　编　译

C 程序处理过程中,使用条件编译可以对 C 语言的源程序内容进行有选择性地编译,这样就使得同一源程序在不同编译条件下可得到不同的目标代码文件,从而有利于程序的移植和调试。条件编译经常要和 ♯define 配合使用,有 ♯if、♯ifdef、♯ifndef 3 种形式。

10.4.1　♯if 命令

♯if、♯elif、♯else、♯endif 等预处理语句功能与前面介绍的 if 、else if 以及 else 等 C 语句的功能类似,只不过它们的处理是在 C 程序被编译之前就进行的,实现的功能不是选择一段二进制代码来执行,而是在源程序文件中选择 C 代码进行编译。至于 ♯endif 预处理语句,则是作为条件编译预处理语句序列的结束语句来使用的,使用 ♯if 序列预处理语句的一般形式如下:

```
♯if 整型常量表达式 1
    程序段 1
♯elif 整型常量表达式 2
    程序段 2
……
♯elif 整型常量表达式 n
    程序段 n
♯else
    缺省程序段
♯endif
```

上面程序段的含义是:若"表达式 1"的值为真(非 0),就对"程序段 1"进行编译,否则就计算"表达式 2";若结果为真,则对"程序段 2"进行编译;若结果为假,则继续往下匹配,直到遇到值为真的表达式,或者遇到 ♯else 为止。

需要注意的是,♯if 命令要求判断条件为"整型常量表达式",也就是说,表达式中不能包含变量,而且结果必须是整数;而 if 后面的表达式没有限制,只要符合语法就行。这是 ♯if 和 if 的一个重要区别。

```
#define  A 0  //把A定义为0
#if (A > 1)
    printf("A > 1");  //编译器没有编译该语句,该语句不生成汇编代码
#elif (A == 1)
    printf("A == 1"); //编译器没有编译该语句,该语句不生成汇编代码
#else
    printf("A < 1");
                      //编译器编译了这段代码,且生成了汇编代码,执行该语句
#endif
```

上述代码中,如果改成 if…else if…else,则所有语句都会被编译,编译后的文件增大,所以,条件编译是根据宏条件选择性地编译语句,它是编译器在编译代码时完成的;条件语句是根据条件表达式选择性地执行语句,它是在程序运行时进行的。

10.4.2 #ifdef 命令

#ifdef 预处理语句的基本使用格式是:#ifdef 标识符。其基本含义是"如果标识符被定义成宏"。#ifdef 预处理语句通常也和 #elif、#else、#endif 等预处理语句序列一起构成可以选择编译的程序段,其一般形式如下:

```
#ifdef 标识符
    程序段1
#else
    程序段2
#endif
```

上述预处理程序段的意思是:如果"标识符"已经被 #define 命令定义过,则编译程序段1,否则编译程序段2。

【例 10-7】 利用条件编译,实现在程序调试时输出中间结果的功能。

```
#include < stdio.h >
#define DEBUG
void main( )
{  int i, sum = 0;
   for( i = 1; i <= 10;  i++ )
   {  sum = sum + 2;
#ifdef  DEBUG
    printf(" %4d",sum);
#endif
   }
   printf("\t sum = %d \n", sum);
}
```

程序执行结果如图 10-4 所示。

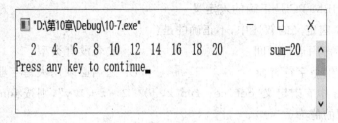

图 10-4 例 10-7 的运行结果

该输出结果实现了在程序的调试过程中了解所有中间结果和最终结果的目的。程序调试成功后,如果不再需要了解中间结果,只需要将编译处理语句♯define DEBUG 删除或注释即可。

10.4.3 ♯ifndef 命令

♯ifndef 预处理语句的基本使用格式是:♯ifndef 标识符,其基本含义是"如标识符没有被定义成宏"。♯ifdnef 预处理语句通常也和♯elif、♯else、♯endif 等预处理语句序列一起构成可以选择编译的程序段,其一般形式如下:

```
♯ifndef 标识符
    程序段 1
♯else
    程序段 2
♯endif
```

上面预处理程序段的意思是:如果"标识符"没有被♯define 命令定义过,则编译程序段 1,否则编译程序段 2。可见♯ifndef 的含义与♯ifdef 刚好相反。

本 章 小 结

预处理功能主要包括宏定义、文件包含、条件编译 3 部分,它们分别对应宏定义命令、文件包含命令、条件编译命令 3 部分的实现。预处理过程读入源代码,检查包含预处理指令的语句和宏定义,并对源代码进行响应的转换。宏定义可以分为不带参数的宏定义和带参数的宏定义。文件包含可以使当前源文件包含另一个源文件的全部内容。条件编译可以对 C 语言的源程序内容进行有选择性的编译。

习 题 10

1. 选择题

(1) 以下叙述中不正确的是(　　)。

A. 预处理命令行都必须以"♯"号开始

B. 在程序中凡是以"♯"号开始的语句行都是预处理命令行

C. 程序在执行过程中对预处理命令行进行处理

D. ＃define IBM-PC 是正确的宏定义

(2) 下面关于宏定义的叙述中,不正确的是(　　　)。

A. 宏替换不占用运行时间　　　　　　　B. 宏名没有类型

C. 宏替换仅仅是字符替换　　　　　　　D. 宏名必须用大写字母表示

(3) 设 C 程序中有宏定义"define　fun(x,y)　2＊x＋1/y",则按 fun((2＋1),1＋4)调用该宏后,得到的值为(　　　)。

A. 10　　　　　　　B. 11　　　　　　C. 5.2　　　　　　D. 6.2

(4) 以下程序的运行结果是(　　　)。

```
#define ADD(x) x + x
main()
{
    int m = 1, n = 2, k = 3;
    int sum = ADD(m + n) * k;
    printf("sum = % d",sum);
}
```

A. sum＝9　　　　　B. sum＝10　　　　C. sum＝12　　　　D. sum＝18

(5) 以下程序的运行结果是(　　　)。

```
#define MIN(x,y) (x)<(y)? (x):(y)
main()
{
    int i = 10, j = 15, k;
    k = 10 * MIN(i, j);
    printf(" % d\n",k);
}
```

A. 10　　　　　　　B. 15　　　　　　C. 100　　　　　　D. 150

(6) 在"文件包含"预处理语句的使用形式中,当＃include 后面的文件名用双引号括起时,寻找被包含文件的方式是(　　　)。

A. 直接按系统设定的标准方式搜索目录

B. 先在源程序所在目录搜索,再按系统设定的标准方式搜索

C. 仅仅搜索源程序所在目录

D. 仅仅搜索当前目录

(7) 下面程序执行的结果是(　　　)。

```
#include < stdio.h>
#define DEBUG
void main()
{   int a = 14, b = 15, c;
```

```
    c = a/b;
    #ifdef DEBUG
        printf("a = % d, b = % d, ",a, b );
    #endif
    printf("c = % d \n", c);
}
```

A. $a=14$，$b=15$，$c=0$ B. $a=14$，$c=0$

C. $b=15$，$c=0$ D. $c=0$

2. 编程题

（1）定义一个含有 3 个参数的带参数宏定义，利用该宏定义实现已知三边长求三角形面积的功能。

（2）定义一个能够判定字符 c 是否是英语字母的宏"isALPHA(c)"，并利用该宏定义统计一个字符串中英文字母的个数。

（3）用条件编译方法实现输入一行文字信息，任选两种输出方式，一是按原文输出，二是将小写字母加密后输出，加密方法是将信息中的小写字母变成它的后一个字母，用 #define 命令控制是否加密，例如，#define CHANGE 1 输出加密后的信息，否则按原文输出。

第11章 文　　件

【学习目标】

- 了解文件的概念
- 掌握文件类型指针的概念
- 掌握打开文件和关闭文件的方法
- 掌握标准I/O提供的读写文件的方法

11.1　文件概述

所谓"文件"是指一组相关数据的有序集合。这个数据集有一个名称,叫作文件名。实际上在前面的各章中我们已经多次使用了文件,例如,源程序文件、目标文件、可执行文件、库文件(头文件)等。

11.1.1　文件的分类

文件通常是驻留在外部介质(如磁盘等)上的,在使用时才调入到内存中来。从不同的角度可对文件做不同的分类。

(1) 从用户的角度看,文件可分为普通文件和设备文件两种。

普通文件是指驻留在磁盘或其他外部介质上的一个有序数据集,可以是源文件、目标文件、可执行程序,也可以是一组待输入处理的原始数据,还可以是一组输出的结果。源文件、目标文件、可执行程序都可以称作程序文件,输入输出数据可称作数据文件。

设备文件是指与主机相连的各种外部设备,如显示器、打印机、键盘等。在操作系统中,把外部设备也看作一个文件来进行管理,把它们的输入、输出等同于对磁盘文件的读和写。

通常把显示器定义为标准输出文件,一般情况下在屏幕上显示有关信息就是向标准输出文件输出,如前面经常使用的 printf()、putchar()函数就是这类输出。

键盘通常被指定标准的输入文件,从键盘上输入就意味着从标准输入文件上输入数据。scanf()、getchar()函数就属于这类输入。

(2) 从文件编码的方式来看,文件可分为 ASCII 码文件和二进制码文件两种。

ASCII 文件也称为文本文件,这种文件在磁盘中存放时每个字符对应 1 字节,用于存放对应的 ASCII 码。

例如,在文件中存储数 5678,以文本的形式把 5、6、7、8 作为字符存储起来。字符"5"所对应的 ASCII 码为数字 53,53 变为二进制数 00110101。那么就可以得到下列 4 个二进

制数:

00110101、00110110、00110111、00111000。分别对应字符 5、6、7、8。

ASCII 码文件可在屏幕上按字符显示,例如,源程序文件就是 ASCII 文件,由于是按字符显示的,因此用户能读懂文件内容。

二进制文件是按二进制的编码方式来存放文件的。

例如,数 5678 按二进制存储,即把 5678 变成二进制数,即

$$00010110 \quad 00101110。$$

它只占 2 字节。二进制文件虽然也可在屏幕上显示,但其内容无法读懂。C 系统在处理这些文件时,并不区分类型,都将它们看成是字符流,按字节进行处理。

(3)按文件的读写方式可将文件分为顺序存取文件和随机存取文件。

文件的顺序存取指的是,读/写文件数据只能从第一个数据位置开始,依次处理所有数据直至文件数据全部读/写完成。文件的随机存取指的是,可以直接对文件的某一元素进行访问(读/写)。

(5)根据文件的内容,可将文件分为程序文件和数据文件,程序文件又可分为源文件、目标文件和可执行文件。

11.1.2 文件指针

在 C 语言中,用一个指针变量指向一个文件,这个指针称为文件指针。通过文件指针就可对它所指的文件进行各种操作。

定义说明文件指针的一般形式如下:

FILE *指针变量标识符;

其中 FILE 应为大写,它实际上是由系统定义的一个结构,该结构中含有文件名、文件状态和文件当前位置等信息。在编写源程序时不必关心 FILE 结构的细节。例如:

FILE *fp;

上述语句表示 fp 是指向 FILE 结构的指针变量,通过 fp 即可找存放某个文件信息的结构变量,然后按结构变量提供的信息找到该文件,实施对文件的操作。习惯上也笼统地把 fp 称为指向一个文件的指针。

11.2 文件的打开与关闭

文件在进行读/写操作之前要先打开,使用完毕要关闭。所谓打开文件,实际上是建立文件的各种有关信息,并使文件指针指向该文件,以便进行其他操作。关闭文件则断开指针与文件之间的联系,也就禁止再对该文件进行操作。数据从磁盘流到内存称为"读",数据从内存流到磁盘称为"写"。

打开文件后,文件内部指针指向文件中的第一个数据,当读取了它所指向的数据后,指针会自动指向下一个数据。向文件写入数据时,写完后指针也会自动指向下一个要写入数据的位置。

在 C 语言中,文件操作都是由库函数来完成的。本章将介绍主要的文件操作函数。

11.2.1 文件打开函数 fopen( )

fopen( )函数用于打开一个文件,其调用的一般形式如下:

文件指针名 = fopen(文件名,使用文件方式);

其中"文件指针名"必须是被说明为 FILE 类型的指针变量,它是 fopen( )函数的返回值;"文件名"是被打开文件的文件名字符串常量或该串的首地址;"使用文件方式"是指文件的类型和操作要求。

例如:

FILE * fp;
fp = ("data1.txt","r");

其意义是在当前目录下打开文件 data1.txt,只允许进行读操作,之后调用读文件函数时,fp 会用为一个实际参数传入。

又如:

FILE * fphzk;
fphzk = ("c:\\test","rb");

其意义是打开 C 驱动器磁盘根目录下的文件 test,这是一个二进制文件,只允许按二进制的方式进行读操作。两根反斜线"\\ "中的第一根表示转义字符,第二根表示根目录。

使用文件的方式有多种选择,下面给出了它们的符号和意义,见表 11-1。

表 11-1 文件打开方式说明

文件使用方式	意义
"rt"	只读打开一个文本文件,只允许读数据
"wt"	只写打开或建立一个文本文件,只允许写数据
"at"	追加打开一个文本文件,并在文件末尾写数据
"rb"	只读打开一个二进制文件,只允许读数据
"wb"	只写打开或建立一个二进制文件,只允许写数据
"ab"	追加打开一个二进制文件,并在文件末尾写数据
"rt+"	读写打开一个文本文件,允许读和写
"wt+"	读写打开或建立一个文本文件,允许读写
"at+"	读写打开一个文本文件,允许读,或在文件末追加数据
"rb+"	读写打开一个二进制文件,允许读和写
"wb+"	读写打开或建立一个二进制文件,允许读和写
"ab+"	读写打开一个二进制文件,允许读,或在文件末追加数据

对于文件使用方式有以下几点说明。

(1) 文件使用方式由操作方式和文件类型组成。操作方式由 r、w、a 和"+"4 个字符组成:r(read)表示读;w(write)表示写;a(append)表示追加;"+"表示读和写。文件类型由字符 t 和 b 组成,t(text)表示文本文件,可省略不写;b(banary)表示二进制文件。

(2) 凡用"r"打开一个文件时,该文件必须已经存在,且只能从该文件读出,否则会出错。

(3) 用"w"打开的文件只能向该文件写入。若打开的文件不存在,则以指定的文件名建立该文件;若打开的文件已经存在,则将该文件删去,重建一个新文件。

(4) 若要向一个已存在的文件追加新的信息,只能用"a"方式打开文件,但此时该文件必须是存在的,否则将会出错。

(5) 在打开一个文件时,如果出错,fopen()将返回一个空指针值 NULL。在程序中可以用这一信息来判别是否完成打开文件的工作,并做相应的处理,因此常用以下程序段打开文件。

```
if(fp = fopen("c:\\test","rb") = = NULL)
{
    printf("\nerror on open c:\\test file!");
    getch();
    exit(1);
}
```

这段程序的意义是,如果返回的指针为空,表示不能打开 C 盘根目录下的 test 文件,则给出提示信息"error on open c:\ test file!",下一行 getch()的功能是从键盘输入一个字符,但不在屏幕上显示。在这里,该行的作用是等待,只有当用户从键盘敲任一键时,程序才继续执行,因此用户可利用这个等待时间阅读出错提示。敲键后执行 exit(1)退出程序。

(6) 把一个文本文件读入内存时,要将 ASCII 码转换成二进制码,而把文件以文本方式写入磁盘时,也要把二进制码转换成 ASCII 码,因此文本文件的读写要花费较多的转换时间。对二进制文件的读写不存在这种转换。

(7) 标准输入文件(键盘),标准输出文件(显示器),标准出错输出(出错信息)是由系统打开的,可直接使用。

11.2.2　文件关闭函数 fclose( )

fclose()函数调用的一般形式如下:

fclose(文件指针);

例如:

fclose(fp);

文件一旦使用完毕,应用关闭文件函数把文件关闭,以避免出现文件数据丢失等错误。正常完成关闭文件操作时,fclose 函数的返回值为 0。如返回非零值则表示有错误发生。

下面给出使用 fopen()函数和 fclose()函数的一个程序框架。

```
# include < stdio. h >
int main( )
{
```

```
FILE    * fp;
if( (fp = fopen(文件名，使用文件方式)) = = NULL)
  {
      printf("不能打开文件\n");
      exit(1);
  }
… //对文件进行操作
fclose(fp);
return 0;
}
```

11.3　文件的读写

对文件的读和写是最常用的文件操作。在 C 语言中提供了多种文件读写的函数。

(1) 字符读写函数:fgetc()和 fputc()。

(2) 字符串读写函数:fgets()和 fputs()。

(3) 数据块读写函数:fread()和 fwrite()。

(4) 格式化读写函数:fscanf()和 fprinf()。

下面分别予以介绍。使用以上函数都要求包含头文件 stdio. h。

11.3.1　字符读写函数 fgetc( )和 fputc( )

字符读写函数是以字符(字节)为单位的读写函数。每次可从文件读出或向文件写入一个字符。多用于对文本文件的操作。

1. 读字符函数 fgetc( )

fgetc()函数的功能是从指定的文件中读一个字符,函数调用的形式如下:

字符变量 = fgetc(文件指针);

例如:

ch = fgetc(fp);

其意义是从打开的文件 fp 中读取一个字符并送入 ch 中。

对于 fgetc()函数的使用有以下几点说明。

(1) 在 fgetc()函数调用中,读取的文件必须是以读或读写方式打开的。

(2) 读取字符的结果也可以不向字符变量赋值,但是读出的字符不能保存。

例如:

fgetc(fp);

(3) 在文件内部有一个位置指针。用来指向文件的当前读写字节。在文件打开时,该指针总是指向文件的第一个字节。使用 fgetc()函数后,该位置指针将向后移动一个字节。因此可连续多次使用 fgetc()函数,读取多个字符。应注意文件指针和文件内部的位置指针不是一回事。文件指针是指向整个文件的,须在程序中定义说明,只要不重新赋值,文件指针的值是不变的。文件内部的位置指针用以指示文件内部的当前读写位置,每读写一次,该指针底向后移动,它不需在程序中定义说明,而是由系统自动设置。

（4）读取文件时如何测试文件是否结束呢？文本文件的内部全部是 ASCII 码,其值不可能是 EOF(-1),所以可以使用 EOF(-1)来确定文件的结束,但是对于二进制文件不能这样做,因为可能文件中某个字节的值恰好等于-1,如果此时使用来-1判断文件结束是不恰当的。为了解决这个问题,后续提供了 feof()函数以判断文件是否真正结束。

【例 11-1】 读入正在编写的 11-1.c 文件,并在屏幕上输出。

例 11-1 运行视频

```c
#include <stdio.h>
int main()
{
    FILE *fp;
    char ch;
    if((fp = fopen("11-1.c","rt")) == NULL)
    {
        printf("\nCannot open file strike any key exit!");
        getch();
        exit(1);
    }
    ch = fgetc(fp);   //读出一个字符
    while(ch != EOF)
    {
        putchar(ch);
        ch = fgetc(fp);
    }
    fclose(fp);
    return 0;
}
```

本例程序的功能是从文件中逐个读取字符,在屏幕上显示。程序定义了文件指针 fp,以读文本文件方式打开当前目录下的 11-1.c 文件,并使 fp 指向该文件。如打开文件出错,给出提示并退出程序。程序第 12 行先读出一个字符,然后进入循环,只要读出的字符不是文件结束标志（每个文件末有一结束标志"EOF"）就把该字符显示在屏幕上,再读入下一字符。每读一次,文件内部的位置指针向后移动一个字符,文件结束时,该指针指向 EOF。执行本程序将显示整个文件。

2. 写字符函数 fputc()

fputc()函数的功能是把一个字符写入指定的文件中,函数调用的形式如下:

fputc(字符量,文件指针);

其中,待写入的字符量可以是字符常量或变量。

例如：

```
fputc('a',fp);
```

其意义是把字符 a 写入 fp 所指向的文件中。

对于 fputc()函数的使用要说明以下几点。

（1）被写入的文件可以用写、读写、追加的方式打开，用写或读写方式打开一个已存在的文件时将清除原有的文件内容，写入字符从文件首开始。如需保留原有文件内容，希望写入的字符从文件尾开始存放，则必须以追加方式打开文件。若被写入的文件不存在，则应创建该文件。

（2）每写入一个字符，文件内部位置指针向后移动一个字节。

（3）fputc()函数有一个返回值，如写入成功则返回写入的字符，否则返回"EOF"。用户可用此来判断写入是否成功。

【例 11-2】 从键盘输入一行字符，写入一个文件，再把该文件内容读出，并显示在屏幕上。

例 11-2 运行视频

```c
#include<stdio.h>
int main()
{
    FILE *fp;
    char ch;
    if((fp=fopen("d:\\第 11 章\\例子\\string","wt+"))==NULL)
    {
        printf("不能打开指定文件,按任意键退出!");
        getch();
        exit(1);
    }
    printf("请输入一行字符串:\n");
    ch=getchar();
    while(ch!='\n')
    {
        fputc(ch,fp);
        ch=getchar();
    }
    rewind(fp);    //把 fp 所指文件的内部位置指针移到文件首
    printf("文件内容为:\n");
    ch=fgetc(fp);
    while(ch!=EOF)
    {
        putchar(ch);
        ch=fgetc(fp);
```

```
    }
    printf("\n");
    fclose(fp);
    return 0;
}
```

程序中第 6 行以读写文本文件方式打开文件 string。程序第 13 行从键盘读入一个字符后进入循环，当读入字符不为回车符时，则把该字符写入文件之中，然后继续从键盘读入下一字符。每输入一个字符，文件内部位置指针向后移动一个字节。写入完毕，该指针已指向文件末。如要把文件从头读出，则须把指针移向文件首，程序第 19 行 rewind() 函数用于把 fp 所指文件的内部位置指针移到文件首。第 20 至 25 行用于读出文件中的一行内容。

程序运行结果如图 11-1 所示。

```
■ "D:\第11章\例子\Debug\11-2.exe"        —    □    ×
请输入一行字符串:
This is a string:hello world!
文件内容为:
This is a string:hello world!
Press any key to continue
```

图 11-1　写文件测试图

【例 11-3】　将文件 data1.txt 中的内容复制到文件 data2.txt 中。

例 11-3　运行视频

```
# include < stdio.h >
int main()
{
    FILE * fp1, * fp2;
    char ch;
    if((fp1 = fopen("data1.txt","rt")) = = NULL)
    {
        printf("Cannot open data1.txt\n");
        getch();
        exit(1);
    }
    else if((fp2 = fopen("data2.txt","wt + ")) = = NULL)
    {
        printf("Cannot open data2.txt\n");
        getch();
        exit(1);
    }
    while((ch = fgetc(fp1))!= EOF)   //从 fp1 所指文件读取字符
```

```
    fputc(ch,fp2);        //向 fp2 所指文件写字符
    fclose(fp1);
    fclose(fp2);
    return 0;
}
```

程序中定义了两个文件指针 fp1 和 fp2,分别指向 data1.txt 和 data2.txt 文件。如文件不存在,则给出提示信息。程序第 18 行和 19 行用循环语句逐个读出 data1.txt 中的字符再送到文件 data2.txt 中。

11.3.2　字符串读写函数 fgets( )和 fputs( )

1. 读字符串函数 fgets( )

fgets()函数的功能是从指定的文件中读一个字符串到字符数组中,函数调用的形式如下:

```
fgets(字符数组名, n, 文件指针);
```

其中的 n 是一个正整数。表示从文件中读出的字符串不超过 $n-1$ 个字符。在读入的最后一个字符后加上串结束标志"\0"。

例如:

```
fgets(str,n,fp);
```

上述语句的意义是从 fp 所指的文件中读出 $n-1$ 个字符送入字符数组 str 中。

【例 11-4】　从 string 文件中读入一个含 10 个字符的字符串。

```
#include<stdio.h>
int main()
{
    FILE * fp;
    char str[11];
    if((fp = fopen("d:\\第 11 章\\例子\\string","rt")) == NULL)
    {
        printf("\nCannot open file strike any key exit!");
        getch();
        exit(1);
    }
    fgets(str,11,fp);
    printf("\n%s\n",str);
    fclose(fp);
    return 0;
}
```

例 11-4　运行视频

本例定义了一个字符数组 str,共 11 个字节,通过读文本文件方式打开文件 string 后,

从中读出 10 个字符送入 str 数组,在数组最后一个单元内将加上"\0",然后在屏幕上显示输出 str 数组。程序运行结果如图 11-2 所示。

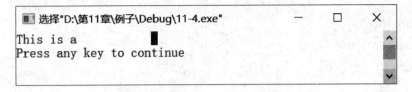

图 11-2 从文件中读取字符串测试图

对 fgets( )函数有以下两点说明。

(1) 在读出 $n-1$ 个字符之前,如遇到了换行符或 EOF,则读出结束。

(2) fgets 函数也有返回值,其返回值是字符数组的首地址。

2. 写字符串函数 fputs( )

fputs( )函数的功能是向指定的文件写入一个字符串,其调用形式如下:

fputs(字符串,文件指针);

其中字符串可以是字符串常量,也可以是字符数组名,或指针变量。

例如:

fputs("abcd",fp);

其意义是把字符串"abcd"写入 fp 所指的文件之中。

【例 11-5】 在例 11-2 中建立的文件 string 中追加一个字符串。

例 11-5 运行视频

```
#include<stdio.h>
int main()
{
    FILE *fp;
    char ch,st[20];
    if((fp=fopen("string","at+"))==NULL)
    {
        printf("Cannot open file strike any key exit!");
        getch();
        exit(1);
    }
    printf("input a string:\n");
    scanf("%s",st);
    fputs(st,fp);
    rewind(fp);
    ch=fgetc(fp);
    while(ch!=EOF)
    {
```

```
            putchar(ch);
            ch = fgetc(fp);
        }
        printf("\n");
        fclose(fp);
        return 0;
    }
```

本例要求在 string 文件末加写字符串,因此,在程序第 6 行以追加读写文本文件的方式打开文件 string,然后输入字符串,并用 fputs()函数把该字符串写入文件 string。在程序 15 行用 rewind()函数把文件内部位置指针移到文件首。再进入循环逐个显示当前文件中的全部内容。程序运行结果如图 11-3 所示。

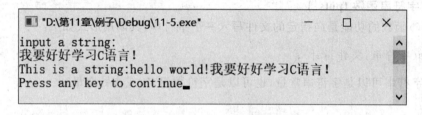

图 11-3 向文件 string 中追加字符串

11.3.3 数据块读写函数 fread( )和 fwtrite( )

C 语言还提供了用于整块数据的读写函数,可用来读写一组数据,如一个数组元素,一个结构变量的值等,多用于对二进制文件的操作,此时的文件内容以二进制保存,若以文本形式打开,会有乱码。

读数据块函数调用的一般形式如下:

fread(buffer, size, count, fp);

写数据块函数调用的一般形式如下:

fwrite(buffer, size, count, fp);

其中 buffer 是一个指针,在 fread()函数中,它表示存放输入数据的首地址。在 fwrite()函数中,它表示存放输出数据的首地址;size 表示数据块的字节数;count 表示要读写的数据块块数;fp 表示文件指针。

例如:

fread(fa, 4, 5, fp);

其意义是从 fp 所指的文件中,每次读 4 字节(一个实数)送入实数组 fa 中,连续读 5 次,即读 5 个实数到 fa 中。

【例 11-6】 从键盘输入两个学生的数据,并写入一个文件中,再读出这两个学生的数据,并显示在屏幕上。

```
#include<stdio.h>
struct stu
{
    char name[10];    //姓名
    int num;          //学号
    int age;          //年龄
    char addr[15];    //住址
}boya[2], boyb[2], *pp, *qq;
main()
{
    FILE *fp;
    char ch;
    int i;
    pp = boya;
    qq = boyb;
    if((fp = fopen("d:\\第11章\\例子\\stu_list","wb+")) == NULL)    //打开二进
制文件。
    {
        printf("Cannot open file strike any key exit!");
        getch();
        exit(1);
    }
    printf("请输入两个学生数据:\n");
    for(i = 0; i < 2; i++, pp++)
        scanf("%s%d%d%s",pp->name,&pp->num,&pp->age,pp->addr);
    pp = boya;
    fwrite(pp, sizeof(struct stu),2,fp);
    rewind(fp);
    fread(qq, sizeof(struct stu),2,fp);
    printf("\n\n姓名\t学号        年龄        住址\n");
    for(i = 0; i < 2; i++, qq++)
        printf("%s\t%5d%7d        %s\n",qq->name,qq->num,qq->age,qq->addr);
    fclose(fp);
}
```

例 11-6　运行视频

本例程序定义了一个结构 stu,说明了两个结构数组 boya 和 boyb 以及两个结构指针变量 pp 和 qq。pp 指向 boya,qq 指向 boyb。程序第 16 行以读写方式打开二进制文件"stu_list",输入两个学生数据之后,写入该文件中,然后把文件内部位置指针移到文件首,读出两个学生数据并在屏幕上显示,程序运行结果如图 11-4 所示。我们以文本形式打开文件 stu_list,结果如图 11-5 所示。

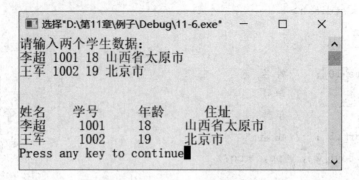

图 11-4　向文件 stu_list 写入学生数据

图 11-5　以文本形式打开文件 stu_list

11.3.4　格式化读写函数 fscanf( )和 fprintf( )

fscanf()函数、fprintf()函数与前面使用的 scanf()和 printf()函数的功能相似,都是格式化读写函数。两者的区别在于 fscanf()函数和 fprintf()函数的读写对象不是键盘和显示器,而是磁盘文件。

这两个函数的调用格式如下:

fscanf(文件指针,格式字符串,输入表列);

fprintf(文件指针,格式字符串,输出表列);

例如:

fscanf(fp, "%d%s", &i, s);

fprintf(fp, "%d%c", j, ch);

用 fscanf()函数和 fprintf()函数也可以完成例 11-6 的问题。修改后的程序如例 11-7 所示。

【例 11-7】　用 fscanf()函数和 fprintf()函数实现例 11-6 的问题。

```
#include<stdio.h>
struct stu
{
    char name[10];
    int num;
    int age;
    char addr[15];
```

例 11-7　运行视频

```
}boya[2],boyb[2], * pp, * qq;
int main()
{
    FILE  * fp;
    char ch;
    int i;
    pp = boya;
    qq = boyb;
    if((fp = fopen("stu_list1","wt + ")) == NULL)   //打开文本文件。
    {
        printf("Cannot open file strike any key exit!");
        getch();
        exit(1);
    }
    printf("请输入两个学生数据:\n");
    for(i = 0; i < 2; i ++ ,pp ++ )
        scanf(" % s % d % d % s",pp -> name,&pp -> num,&pp -> age,pp -> addr);
    pp = boya;
    for(i = 0; i < 2; i ++ ,pp ++ )
        fprintf(fp," % s  % d  % d  % s\r\n",pp -> name,pp -> num,pp -> age,pp -> addr);
    rewind(fp);
    for(i = 0; i < 2; i ++ ,qq ++ )
        fscanf(fp," % s  % d  % d  % s\r\n",qq -> name,&qq -> num,&qq -> age,qq -> addr);
    printf("\n\n 姓名\t 学号        年龄        住址\n");
    qq = boyb;
    for(i = 0; i < 2; i ++ ,qq ++ )
        printf(" % s\t % 5d   % 7d        % s\n",qq -> name,qq -> num, qq -> age,
            qq -> addr);
    fclose(fp);
    return 0;
}
```

本程序中 fscanf()函数和 fprintf()函数每次只能读写一个结构数组元素,因此采用了循环语句来读写全部数组元素。还要注意指针变量 pp、qq,由于循环改变了它们的值,因此在程序的 25 和 32 行分别对它们重新赋予了数组的首地址。程序的 27 行写入文件中有"\r\n",是因为文本文件的换行符对应两个字符"\r"和"\n"。程序运行结果和图 11-4 相同,以文本形式打开文件 stu_list1,结果如图 11-6 所示。

图 11-6　以文本形式打开文件 stu_list1

11.4　文件的随机读写

文件在使用时,内部有一个位置指针,用来指定文件当前的读写位置。前面介绍的对文件的读写方式都是顺序读写,即读写文件只能从头开始,顺序读写各个数据,但在实际问题中常要求只读写文件中某一指定的部分。为了解决这个问题可移动文件内部的位置指针到需要读写的位置,再进行读写,这种读写称为随机读写。

11.4.1　文件定位

将文件的位置指针移动到指定位置,就称为文件的定位。可以通过位置指针函数实现文件的定位读写,文件的位置指针函数主要有 3 种。

1. 重返文件头函数 rewind( )

rewind( )函数其调用形式如下:

rewind(文件指针);

它的功能是把文件内部的位置指针移到文件的开头。

2. 位置指针移动函数 fseek( )

fseek( )函数用来移动文件内部位置指针,其调用形式如下:

fseek(文件指针,位移量,起始点);

其中,"文件指针"指向被移动的文件。"位移量"表示移动的字节数,要求位移量是 long 型数据,以便在文件长度大于 64 KB 时不会出错。当用常量表示位移量时,要求加后缀"L"。"起始点"表示从何处开始计算位移量,规定的起始点有 3 种:文件首、当前位置和文件尾。

其表示方法如表 11-2 所示。

表 11-2　fseek( )函数起始位置参数

起始点	表示符号	数字表示
文件首	SEEK_SET	0
当前位置	SEEK_CUR	1
文件尾	SEEK_END	2

例如:

```
fseek(fp,100L,0);
```

其意义是把位置指针移到离文件首 100 字节处。

还要说明的是 fseek() 函数一般用于二进制文件。在文本文件中由于要进行转换,故往往计算的位置会出现错误。

3. 获取当前位置指针函数 ftell()

ftell() 函数其调用形式如下:

```
ftell(文件指针);
```

它的功能是得到当前位置指针相对于文件头偏移的字节数,出错时返回"－1L"。

利用 ftell() 函数可以方便地知道一个文件的长度。例如:

```
fseek(fp, 0L, SEEK_END);
len = ftell(fp) + 1;
```

首先将文件的当前位置移到文件的末尾,然后调用函数 ftell() 获得当前位置相对于文件首的位移,该位移值等于文件所含字节数。

11.4.2　文件的随机读写

在移动位置指针之后,即可用前面介绍的任一种读写函数进行读写。由于一般是读写一个数据块,因此常用 fread() 和 fwrite() 函数。

下面用例题来说明文件的随机读写。

【例 11-8】　在学生文件 stu_list 中读出第二个学生的数据。

```
#include < stdio. h>
struct stu
{
  char name[10];
  int num;
  int age;
  char addr[15];
}boy, * qq;
int main()
{
  FILE  * fp;
  char ch;
  int i = 1;
  qq = &boy;
  if((fp = fopen("stu_list","rb")) = = NULL)
  {
    printf("Cannot open file strike any key exit!");
    getch();
```

例 11-8　运行视频

```
        exit(1);
    }
    rewind(fp);
    fseek(fp,i*sizeof(struct stu),0);
    fread(qq,sizeof(struct stu),1,fp);
    printf("\n\n 姓名\t 学号        年龄        住址\n");
    printf(" %s\t %5d   %7d        %s\n",qq->name,qq->num,qq->age,
        qq->addr);
    return 0;
}
```

文件 stu_list 已由例 11-6 的程序建立,本程序用随机读出的方法读出第二个学生的数据。程序中定义 boy 为 stu 类型变量,qq 为指向 boy 的指针。以读二进制文件方式打开文件,程序第 22 行移动文件位置指针。其中 i 的值为 1,表示从文件首开始,移动一个 stu 类型的长度,然后再读出的数据即为第二个学生的数据。程序运行结果如图 11-7 所示。

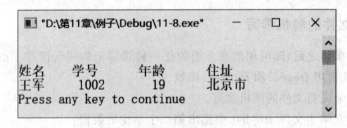

图 11-7　随机读取数据测试图

11.5　文件检测函数

C 语言中常用的文件检测函数有以下几个。

11.5.1　文件结束检测函数 feof()

调用格式如下:

feof(文件指针);

【功能】　feof()函数用于在程序中判断被读文件是否已经读完,feof()函数既适用于文本文件,也适用于二进制文件。如果最后一次文件读取失败或读取到文件结束符则返回非0,否则返回 0。

11.5.2　读写文件出错检测函数 ferror()

ferror()函数调用格式如下:

ferror(文件指针);

【功能】　ferror()函数用于检查文件在用各种输入输出函数进行读写时是否出错,如

ferror 返回值为 0 表示未出错,否则表示有错。

11.5.3　文件出错标志和文件结束标志置 0 函数 chearerr( )

clearerr()函数调用格式如下:

clearerr(文件指针);

【功能】　clearerr()函数用于清除出错标志和文件结束标志,使它们为 0 值。

11.6　图书管理系统案例

1. 问题描述

前面已经定义了图书结构体数组,并且能够进行相应的增加、查询、修改、删除等操作,但前面的操作数据都是在内存中暂时存储的,一旦运行结束,数据是没有保存的。通过本章的学习,当我们需要对图书信息做变动时,可以把文件中的图书信息读取到内存中,然后进行变动,当变动完成后,我们可以把内存中的图书信息在保存到文件中。常见操作如下:

(1) 读取 book 文件中的信息到图书结构数组;

(2) 将图书结构体数组中的信息保存到 book 文件中(覆盖原 book 文件);

(3) 追加图书信息,并保存到 book 文件中(在原 book 文件尾部追加新信息)。

2. 源代码

(1) 读取 book 文件中的信息到图书结构数组。

```
void readBook (int * booknumber)
{
    FILE * fp;
    int i = 0;
    if((fp = fopen("book.dat","rb")) == NULL) //以二进制方式读文件
    {
        printf("打开文件失败!\n");
        exit(1);
    }
    while(fread(&book[i], sizeof(struct book),1,fp) == 1)
        i ++ ;
    * booknumber = i;    //用 booknumber 指针返回图书数量
    fclose(fp);
}
```

(2) 将图书结构体数组中的信息保存到 book 文件中(覆盖原 book 文件)。

```
void saveBook(int booknumber)
{
    FILE * fp;
```

```
    int i;
    if((fp = fopen("book.dat","wb")) == NULL) //以二进制方式写文件
    {
        printf("打开文件失败! \n");
        exit(1);
    }
    for(i = 0; i < booknumber; i ++)
    {
        if(fwrite(&stu[i],sizeof(struct book),1,fp)!= 1)
            printf("信息保存失败! \n");
    }
    fclose(fp);
    printf("\n 信息保存成功! \n");
}
```

(3) 追加图书信息并保存到 book 文件中(在原 book 文件尾部追加新信息)。

```
void saveAppBook(int booknumber, int count)    //count 表示增加图书数量
{
    FILE * fp;
    int i;
    if((fp = fopen("book.dat","ab")) == NULL) //以二进制方式追加文件
    {
        printf("打开文件失败! \n");
        exit(1);
    }
    for(i = 0; i < count; i ++)
    {
        if(fwrite(&stu[booknumber + i],sizeof(struct book),1,fp)!= 1)
            printf("信息保存失败! \n");
    }
    fclose(fp);
    printf("\n 信息保存成功! \n");
}
```

本 章 小 结

　　C 编译系统把文件当作一个"流",按字节进行处理。文件的分类方式很多,按数据存储方式的不同可将文件分为二进制文件和 ASCII 文件。在 C 语言中,用文件指针标识文件,当一个文件被打开时,可取得该文件指针。文件在读写之前必须打开,读写结束必须关闭。

文件可按只读、只写、读写、追加 4 种操作方式打开,同时还必须指定文件的类型是二进制文件还是文本文件。文件可按字节、字符串、数据块为单位读写,文件也可按指定的格式进行读写。文件内部的位置指针可指示当前的读写位置,移动该指针可以对文件实现随机读写。

习 题 11

1. 选择题

(1) 系统的标准输入文件是指(　　)。

A. 键盘　　　　　　　B. 显示器　　　　　　C. 软盘　　　　　　D. 硬盘

(2) 若执行 fopen()函数时发生错误,则函数的返回值是(　　)。

A. 地址值　　　　　　B. 0　　　　　　　　C. 1　　　　　　　D. EOF

(3) 若要用 fopen()函数打开一个新的二进制文件,该文件要既能读也能写,则文件方式字符串应是(　　)。

A. "ab + "　　　　　B. "wb + "　　　　　C. "rb + "　　　　D. "ab"

(4) fscanf()函数的正确调用形式是(　　)。

A. fscanf(fp,格式字符串,输出表列);

B. fscanf(格式字符串,输出表列,fp);

C. fscanf(格式字符串,文件指针,输出表列);

D. fscanf(文件指针,格式字符串,输入表列);

(5) fgetc()函数的作用是从指定文件读入一个字符,该文件的打开方式必须是(　　)。

A. 只写　　　　　　　　　　　　B. 追加

C. 读或读写　　　　　　　　　　D. B 和 C 都正确

(6) 函数调用语句"fseek(fp, - 20L, 2);"的含义是(　　)。

A. 将文件位置指针移到距离文件头 20 字节处

B. 将文件位置指针从当前位置向后移动 20 字节

C. 将文件位置指针从文件末尾处后退 20 字节

D. 将文件位置指针移到离当前位置 20 字节处

(7) 利用 fseek()函数可实现的操作(　　)。

A. fseek(文件类型指针,起始点,位移量);

B. fseek(fp,位移量,起始点);

C. fseek(位移量,起始点,fp);

D. fseek(起始点,位移量,文件类型指针);

(8) 函数 fwrite(buffer, size, count, fp)的参数中,buffer 代表的是(　　)。

A. 一个整型变量,代表要写入的数据块总长度

B. 一个文件指针,指向要操作的文件

C. 一个存储区,用于存放从文件中读入的数据项

D. 一个指针,指向要写入数据的存放起始地址

2. 编程题

(1) 从键盘输入一行字符串,逐个把它们送到磁盘文件 test. txt 中,用"#"标识符代表

字符串输入结束。

（2）输入本班学生（50人）的数据（包含学号、姓名），存入文件 std. txt 中（要求以文本形式存入，一个学生信息后换行）。

（3）在上题基础上随机产生一个学号，并输出产生的学号和姓名。提示：产生随机数可以用 srand()函数和 rand()函数。

习题参考答案

第 1 章

1. 简答题

（1）答：计算思维（computational thinking）又称构造思维，是指从具体的算法设计规范入手，通过算法过程的构造与实施来解决给定问题的一种思维方法。计算思维是运用计算机科学的基础概念去求解问题、设计系统和理解人类行为的，它涵盖了计算机科学之广度的一系列思维活动。

计算思维有如下特点。

① 计算思维吸取了问题求解所用的一般数学思维方式，颠覆了现实世界中巨大复杂系统设计与评估的一般过程思维方法和理解心理以及人类行为的一般科学思维方法。

② 计算思维建立在计算过程的能力和限制之上，由人和机器执行；计算方法和模型可以处理那些原本无法由个人独立完成的问题和系统设计。

③ 计算思维最根本的内容是抽象，计算思维中的抽象完全超越物理中的时空观，以致完全用符号来表示；与数学和物理的抽象相比，计算机思维的抽象更为丰富和复杂。

（2）答：计算思维虽然具有计算机科学的许多特征，但是计算思维本身并不是计算机科学的专属。实际上，即使没有计算机，计算思维也会逐步发展，甚至有些内容与计算机没有关系，但是，正是由于计算机的出现，给计算思维的研究和发展带来了根本性的变化。计算机对于信息和符号的快速处理能力，使得许多原本只是在理论上可以实现的过程变成了实际上可以实现的过程。

（3）答：C 语言是种高级程序设计语言，具有简洁、紧凑、高效等特点。它既可以用于编写应用软件，也可以用于编写系统软件。

C 语言是一种通用的、面向过程的程序语言。它的诸多特点使它的应用面很广，其强大的功能被广泛应用于各领域。

① C 语言可以写网站后台程序，诸如百度、腾讯后台。

② C 语言可以写出绚丽的 GUI 界面。

③ C 语言可以专门针对某个主题写出功能强大的程序库，然后供其他程序方便使用，从而让其他程序节省开发时间。

④ C 语言可以写出大型游戏的引擎。

⑤ C 语言可以写操作系统和驱动程序，并且只能用 C 语言编写。例如，用 C 语言编写的 Linux 操作系统的全部源代码都可以从网上得到，要深入了解操作系统的运行秘密，只要懂得 C 语言即可。

⑥ 任何设备只要配置了微处理器,就能支持 C 语言。

(4) 答:Visual C++ 6.0 工作于 Windows 环境,双击桌面上的 Visual C++ 6.0 图标,就能进入 Visual C++ 6.0 开发环境,选择"文件"中的"新建"命令,然后单击"文件"选项卡,在其列表框中选择"C++ Source File"选项。在对话框的右部所示的"位置"和"文件名"文本框中,输入源程序存储的路径和源程序的文件名。这样就搭建了 C 语言的开发环境,编程者可以在相应的界面编写代码,然后实现编译和运行。

第 2 章

1. 选择题
(1) C　(2) D　(3) B　(4) C　(5) C　(6) C　(7) B　(8) B　(9) A　(10) D
(11) C　(12) A　(13) D　(14) C　(15) C　(16) D　(17) A　(18) B　(19) B
(20) C　(21) A

2. 填空题
(1) double　(2) 0　(3) 下划线　(4) −16　(5) 2　(6) 4　(7) 10,6　(8) \n; \"
(9) 5　(10) 1

第 3 章

1. 选择题
(1) C　(2) C　(3) C　(4) D　(5) B

2. 填空题
(1) printf;scanf

(2) ASCII 码

(3) 取地址;取变量 a 的地址

(4) 顺序

(5) 8,10,16

3. 编程题
(1)

```
#include < stdio.h >
void main()
{
    printf(" ***************\n");
    printf ("hello world! \n");
    printf(" ***************\n");
}
```

(2)

```
#include < stdio.h >
```

```
void main()
{
    float math,english,computer,sum = 0,average;
    printf("请输入三门课成绩:\n");
    scanf("%f%f%f",&math,&english,&computer);
    sum = math + english + computer;
    average = sum/3;
    printf("sum = %.2f,average = %.2f\n",sum,average);
}
```

(3)

```
#include<stdio.h>
void main()
{
    char c1,c2;
    printf("请输入两个字符型数据(不加空格):\n");
    scanf("%c%c",&c1,&c2);
    printf("%c-%d\n%c-%d\n",c1,c1,c2,c2);
}
```

第4章

1. 选择题

(1) C (2) B (3) B (4) C

2. 填空题

(1) 1;0

(2) if;switch

(3) 常量或常量表达式

(4) $a+b>c$&&$a+c>b$&&$b+c>a$

3. 编程题

(1)

```
#include<stdio.h>
void main()
{
    int x;
    scanf("%d",&x);
    if (x % 2 == 0)
        printf("%d 为偶数\n",x);
    else
```

```
        printf("%d 为奇数\n",x);
}
```

(2)

```
#include <stdio.h>
void main()
{
    float x,y;
    printf("请输入 x 的值\n");
    scanf ("%f",&x);
    if(x>0)
        y=x*x+1;
    else if(x==0)
        y=0;
    else
        y=-x*x+1;

    printf("x=%.2f\ny=%.2f\n",x,y);
}
```

(3)

```
#include <stdio.h>
void main()
{
    int day,month,year,sum,leap;
    printf ("请输入年、月、日\n");
    scanf("%d,%d,%d",&year,&month,&day);
    switch(month)    /*先计算某月以前月份的总天数*/
    {
    case 1:sum=0;break;
    case 2:sum=31;break;
    case 3:sum=59;break;
    case 4:sum=90;break;
    case 5:sum=120;break;
    case 6:sum=151;break;
    case 7:sum=181;break;
    case 8:sum=212;break;
    case 9:sum=243;break;
    case 10:sum=273;break;
    case 11:sum=304;break;
```

```
    case 12:sum = 334;break;
    default:printf("error!");break;
    }
    sum = sum + day;
    if((year % 400 == 0)||(year % 4 == 0 &&year % 100! = 0))
        leap = 1;
    else leap = 0;
    if(leap == 1 &&month > = 2)/* 如果是闰年且月份大于2,总天数加一天 */
        sum ++ ;
    printf("%d年%d月%d日是该年的第%d天。\n",year,month,day,sum);
}
```

第5章

1. 选择题

(1) B (2) A (3) D (4) A (5) C

2. 填空题

(1) break

(2) —

(3) 1 2 4 5 7 8 10

(4) 20

(5) abc

3. 编程题

(1)

```
#include"stdio. h"
void main()
{
    int i,a,b,c;
    for(i = 100;i < = 999;i ++ )
    {
        a = i/100;
        b = (i % 100)/10;
        c = (i % 100) % 10;
        if(i == a * a * a + b * b * b + c * c * c)
            printf("%d\n",i);
    }
}
```

(2)

```c
#include <stdio.h>
void main()
{
    char ch;
    int letter,digit,space,others;
    letter = 0;digit = 0;space = 0;others = 0;
    while((ch = getchar()) != '#')
    {
        if(ch >= 'a' && ch <= 'z' || ch >= 'A' && ch <= 'Z')
            letter ++ ;
        else if (ch >= '0' && ch <= '9')
            digit ++ ;
        else if ( ch == '')
            space ++ ;
        else
            others ++ ;
    }
printf(" %d, %d, %d,: %d\n",letter,digit,space,others);
}
```

(3)

```c
#include <stdio.h>
void main()
{
    int i;
    for(i = 1;i <= 100;i ++ )
        if(i % 4 == 0 && i % 6 == 0)
            printf(" %4d",i);
    printf("\n");
}
```

(4)

```c
#include <stdio.h>
void main()
{
    int i = 1;
    float sum = 0;
    while(i <= 10)
```

```
    {
        sum += 1.0/i;
        i++;
    }
    printf("%f\n",sum);
}
```

(5)

```
#include <stdio.h>
void main()
{
    int i=1,n=0;
    while(i<=40)
    {
        printf("%4d",i);
        n++;
        if(n%5==0)
            printf("\n");
        i+=2;
    }
}
```

(6)

```
#include <stdio.h>
void main()
{
    int a,b,c,n=0;
    for(a=0;a<=20;a++)
        for(b=0;b<33;b++)
            for(c=0;c<=100;c++)
                if(5*a+3*b+c/3==100)
                {
                    printf("公鸡:%3d 母鸡:%3d 小鸡%3d\n",a,b,c);
                    n++;
                }
                printf("一共有%d 种买法。\n",n);

}
```

(7)

```c
# include < stdio.h >
main()
{
    int time = 60, i = 1;
    printf("比赛还剩下最后 60 秒!!! \n");
    do
    {
        time = time -- ;
        printf("剩余 % 2d 秒", time);
        i = i ++ ;
        if(time % 5 == 0)
            printf("\n");
    }while( i < = 60);
    printf("时间已到,终止比赛\n");
}
```

第 6 章

1. 选择题
(1) B　(2) C　(3) B　(4) C　(5) A
2. 编程题
(1)

```c
double fun(double x, int y)
{
    int i;
    double z = 1.0;
    for(i = 1; i < = y; i ++ )
        z = z * x;
    return z;
}
```

(2)

```c
# include < stdio.h >
int isprime(int);
main()
{
    int x;
```

```
printf("Enter a integer number: " );
scanf(" % d",&x);
if (isprime(x))
    printf(" % d is prime\n",x);
else
    printf (" % d is not prime\n", x);
}
int isprime( int a)
{
inti;
for(i = 2;i < = a/2;i + + )
if(a % i = = 0)
      return 0;
return 1;}
```

(3)

```
# include < stdio. h >
int main
{
(inthcf(int, int;
int lcd(int, int, int);
int u, v, h,1;
scanf(" % d, % d",&u, &v);
h = hcf(u,v);
printf("H. C. F = % d\n", h);
l = lcd(u, v, h);
printf("L. C. D = % d\n",l);
return 0;}
int hcf(int u, int v)
{int t, r;
if (v > u)
{t = u; u = v; v = t;
while((r = u % v)! = 0)
{ u = v; v = r; }
return(v);}
int lcd(int u, int v,int h)
{ return(u * v/h);}
```

(4)

```
include < stdio. h >
```

```
long f( int n)
{int i;long s;
s = 1;
for(i = 1;i <= n;i ++ ) s = s * i;
return s;}
main( )
{long s; int k,n;
scanf(" % d",&n);
s = 0;
for(k = 0;k <= n;k ++ ) s = s + f(k);
printf( " % ld\n", s);}
```

(5)

```
# include < stdio. h >
int age  (int  n)
{   int  c;
    if (n == 1)
        c = 10;
    else
        c = age(n - 1) + 2;
    return  c;
}
void  main()
{   printf(" % d", age(10));}
```

第 7 章

1. 选择题

(1) C   (2) D   (3) B   (4) C   (5) B

2. 填空题

(1) 6;字符

(2) 13 715

(3) 10,14,18

(4) k＝p;   k

3. 编程题

(1)

```
# include < stdio. h >
main( )
{   int b[15],i;
```

```
    for(i = 0;i < 15;i + + )
      b[i] = 2 * i;                    /* 对数组元素赋值 */
    for(i = 0;i < 15;i + + )
      {   printf(" % 3d",b[i]);
          if((i + 1) % 5 = = 0)        /* 利用 i 控制换行输出 */
            printf("\n");   }
}
```

(2)

```
# include < stdio. h >
int main()
{     int a[7][7],i,j;
      for(i = 0;i < 7;i + + )
        for(j = 0;j < = i;j + + )
              if(i = = j||j = = 0)
                a[i][j] = 1;
              else
                a[i][j] = a[i - 1][j - 1] + a[i - 1][j];
      for(i = 0;i < 7;i + + )
        {for(j = 0;j < = i;j + + ) printf(" % 5d",a[i][j]);
          printf("\n");}
}
```

(3)

```
# include < stdio. h >
void str(char c[ ],char d[ ])
{     int i,j;
      for(i = 0;c[i]! = '\0';i + + );
          for(j = 0;d[j]! = '\0';j + + )
              c[i + + ] = d[j];
      c[i] = '\0';
    puts(c);   }
int main()
{  char a[100], b[100];
   gets(a);   gets(b);   str(a,b);   }
```

(4)

```
# include < stdio. h >
main( )
{   int f[20] = {1,1};
```

```
    int i, sum;
    sum = f[0] + f[1];
    for(i = 2;i < = 9;i + + )
    {   f[i] = f[i - 1] + f[i - 2];
        sum + = f[i];
    }
    printf("sum = % d\n", sum);
}
```

(5)

```
# include < stdio. h >
# include < string. h >
main()
{   char s[80]; int i, j;
    printf("输入一个字符串:\n");
    gets(s);
    for (i = 0, j = strlen(s) - 1; i < j; i + + ,j - - )
    if(s[i]! = s[j])
        break;
    if(i > = j)
        printf("回文字符串\n");
    else
        printf("不是回文字符串\n");
}
```

第 8 章

1. 选择题

(1) B　(2) A　(3) B　(4) B　(5) D

2. 填空题

(1) $p = \&a$；$\&a$；$* p$

(2) 内存的一个地址

(3) 数组的首地址

(4) $p = a$；2；2

(5) 20

3. 编程题

(1)

```
# include < stdio. h >
# include < string. h >
```

```
int main()
{
  char a[100],b[100],c[100];
    gets(a);
    gets(b);
    gets(c);
  if(strcmp(a,b)>0)
    {
      if(strcmp(a,c)>0)
        {

          if(strcmp(b,c)>0)
            {puts(c);puts(b);puts(a);     }

          else
            {puts(b);puts(c);puts(a);}
        }
      else
        {puts(b);puts(a);puts(c);}

    }
  else
    {
      if(strcmp(b,c)>0)
        {
          if(strcmp(a,c)>0)
              {puts(c);puts(a);puts(b);}
          else
              {puts(a);puts(c);puts(b);}
        }
      else
        {puts(a);puts(b);puts(c);}
    }

}

(2)

# include < stdio. h >
# include < string. h >
```

```
int main()
{
int cnt[128] = {0};
char str[200];
int i;
gets(str);
for(i = 0; str[i]!='\0'; ++i)
  cnt[str[i]]++;
for(i = 0;i<128; i++)
  if(cnt[i]!=0)
  printf("%c:%d\n", i, cnt[i]);
  return 0;
}
```

（3）

```
#include <stdio.h>
#include <string.h>
int main()
{
  void  moveone(char *);
  char  str[20];
  int i;
  gets(str);
  for(i=1;i<=3;i++)
moveone(str);
  printf("\n%s",str);
  return 0;
}
moveone(char * array)
{
  char * p = array+1,temp;
temp = *(p-1);
while(*p)
  *(p-1) = *p,p++;
*(p-1) = temp;
}
```

第9章

1. 选择题

(1) B (2) D (3) C (4) B (5) B

2. 填空题

(1) 结构变量名. 成员名

(2) 构造

(3) sizeof(struct list)

(4) 12;4

(5) stdlib. h 或者 mallo. h 或者 alloc. h

3. 编程题

```c
#include < stdio. h >
#include < stdlib. h >
#include < string. h >
#define n 3


struct course
{
 float common_score,exam_score;
};
struct student
{
 int num;
 char name[10];
 struct course Chi,Math,Eng;
 float total_scor;
};
void input(struct student stu[])
{
 int i = n;
 for(i = 1;i < = n;i + + )
 {
  printf("Please input % s's common,exam score of Chinese:\n",stu[i]. name);
  scanf(" % f % f",&stu[i]. Chi. common_score,&stu[i]. Chi. exam_score);
  printf("Please input % s's common,exam score ofMath:\n",stu[i]. name);
  scanf(" % f % f",&stu[i]. Math. common_score,&stu[i]. Math. exam_score);
  printf("Please input % s's common,exam score ofEnglish:\n",stu[i]. name);
  scanf(" % f % f",&stu[i]. Eng. common_score,&stu[i]. Eng. exam_score);
```

```
   stu[i]. total_scor =
(stu[i]. Chi. common_score + stu[i]. Math. common_score + stu[i]. Eng. common_
score) * 0.2 + (stu[i]. Chi. exam_score + stu[i]. Math. exam_score + stu[i]. Eng. exam_
score) * 0.8;
    }
  }
  void output1(struct student stu[])
  {
   int i = n;
   printf("Their total score is:\n");
   for(i = 1;i <= n;i ++ )
   {
      printf(" % .3f\n",stu[i].total_scor);
   }
  }
  void output2(struct student stu[])
  {
   int i = n,t1,t2;
   float max,min,t;
   max = min = stu[i].total_scor;
   t1 = t2 = 1;
   for(i = 2;i <= n;i ++ )
   {
    if(stu[i].total_scor > max)
    {
    t = stu[i].total_scor;
    stu[i]. total_scor = max;
    max = t;
    t1 = i;
    }
   if(stu[i].total_scor < min)
    {
    t = stu[i].total_scor;
    stu[i]. total_scor = min;
    min = t;
    t2 = i;
    }
   }
   printf("The highest score % f's number is % d,name is % s\nThe lowestscore % f'
```

```
s number is % d,name is % s\n",
   max,stu[t1].num,stu[t1].name,min,stu[t2].num,stu[t2].name);
}


int main()
{
  structstudent stu1[n];
  int i;
  stu1[1].num = 1;
  for(i = 2;i < = n;i + + )
  {
    stu1[i].num + + ;
  }
strcpy(stu1[1].name,"Harden");
strcpy(stu1[2].name,"James");
strcpy(stu1[3].name,"Durant");
input(stu1);
output1(stu1);
output2(stu1);
return 0;
}
```

第 10 章

1. 选择题

(1) C (2) D (3) B (4) B (5) B (6) B (7) A

2. 编程题

(1)

```
# include < math.h >
#define S(a, b, c) ((a + b + c)/2)
#define AREA(a, b, c) sqrt(S(a,b,c) * (S(a,b,c) − a) * (S(a,b,c) − b) * (S(a,b,c) − c))
int main( )
{
    double a, b, c;
    printf("请输入三角形的三条边长,用逗号隔开:");
    scanf(" % lf, % lf, % lf",&a, &b, &c);
    if( a <(b + c) && b <(a + c) && c <(a + b) )
```

```
            printf("三角形的面积为：%f",AREA(a,b,c));
        else
            printf("不能构成三角形");
        return 0;
    }
```

（2）

```
#define isALPHA(c)   ((c)>='a'&&(c)<='z'||  (c)>='A'&&(c)<='Z')? 1 : 0
int main( )
{
    char str[50];
    int count = 0, i = 0;
    gets(str);
    for(i = 0; str[i]!='\0'; i++)
        if( isALPHA(str[i]) == 1)
            count++;
    printf("字母字符的个数为：%d\n", count);
    return 0;
}
```

（3）

```
#define CHANGE 1
int main( )
{
    char str[50];
    int i = 0;
    gets(str);
    for(i = 0; str[i]!='\0'; i++)
    {
        #if CHANGE
        if(str[i]>='a'&& str[i]<='y') printf("%c",str[i]+1);
        else if(str[i]=='z')   printf("a");
        #else
            printf("%c",str[i]);
        #endif
    }
    return 0;
}
```

第 11 章

1. 选择题

(1) A　(2) B　(3) B　(4) D　(5) C　(6) C　(7) B　(8) C

2. 编程题

(1)

```
#include<stdio.h>
int main()
{
    FILE * fp;
    char c;
    fp = fopen("test.txt", "wt");
    if(fp == NULL)
    {
        printf("打开文件失败!");
        exit(1);
    }
    while( (c = getchar())!='#')
        fputs(c, fp);
    fclose(fp);
    return 0;
}
```

(2)

```
#include<stdio.h>
    struct stu
    {
        char name[10];
        int num;
    }student[50];
    intmain()
    {
        FILE * fp;
        int   i;
        if((fp = fopen("std.txt","wt+")) == NULL)  //打开文本文件
        {
            printf("Cannot open file strike any key exit!");
            getch();
```

```
        exit(1);
    }
    printf("请输入 50 个学生数据:\n");
    for(i = 0; i < 50; i++)
        scanf("%d%s",&student[i].num, student[i].name);
    for(i = 0; i < 50; i++)
        fprintf(fp," %d %s\r\n", student[i].num, student[i].name);
    fclose(fp);
    return 0;
}

(3)

#include < stdio. h >
#include < stdlib. h >
struct stu
{
    char name[10];
    int num;
}temp;
int main()
{
    FILE *fp;
    int i,k;
    char ch;
    if((fp = fopen("std.txt ","rt")) == NULL)
    {
        printf("Cannot open file strike any key exit!");
        getch();
        exit(1);
    }
    srand((unsigned)time(NULL));
    k = rand() % 50 + 1; //产生 1~50 之间的的随机数
    printf(" %d\n",k);
    i = 1;
    while(i<k)    //定位到第 i 行
    {
        ch = fgetc(fp);
        if(ch == '\n') i++;
    }
```

```
    fscanf(fp, "%d %s",&temp.num, temp.name);
    printf(" %d   %s\n", temp.num, temp.name);
    fclose(fp);
    return 0;
}
```

参 考 文 献

[1]　教育部高等学校大学计算机课程教学指导委员会.大学计算机基础课程教学基本要求[M].北京:高等教育出版社,2016.

[2]　任丹,丁函,杨凡.基于计算思维的大学计算机基础教学探讨[J].教育教学论坛,2018,1(1):261-262.

[3]　赵莉.融入计算思维的计算机软件基础教学模式[J].辽宁工业大学学报(社会科学版),2017,19(6):105-107.

[4]　吕红,吕海燕,周立军,等.基于MOOC的以计算思维为导向的大学计算机实验教学改革研究[J].计算机应用,2016,35(12):37-42.

[5]　吴朔媚,宋建卫,张兴华.以计算思维能力培养为核心进行大学计算机基础课程实验教学内容优化研究[J].高教学刊,2015(3):72-73.

[6]　杨路明.C语言程序设计教程[M].3版.北京:北京邮电大学出版社,2017.

[7]　陈立潮.C语言程序设计教程:面向计算思维和问题求解[M].北京:高等教育出版社,2017.

[8]　传智播客高教产品研发部.C语言程序设计教程[M].3版.北京:中国铁道出版社,2016.

[9]　刘白林.C语言程序设计基础[M].北京:北京航空航天出版社,2016.

[10]　王希杰.C语言程序设计[M].成都:电子科技大学出版社,2016.

[11]　冯克鹏.C语言程序设计基础[M].成都:电子科技大学出版社,2014.

[12]　谭浩强.C程序设计[M].4版.北京:清华大学出版社,2010.

[13]　KERNIGHAN B W,RITCHIE D M.C程序设计语言[M].2版.北京:机械工业出版社,2005.

[14]　田淑清.全国计算机等级考试二级教程.C语言程序设计[M].北京:高等教育出版社,2014.

[15]　张玉生.C语言程序设计实训教程[M].3版.上海:上海交通大学出版社,2018.

[16]　张连浩.C语言程序设计[M].上海:同济大学出版社,2017.

附录 1　运算符的优先级和结合性

优先级	运算符	名称或含义	使用形式	结合方向	说明
1	[ ]	数组下标	数组名[整型表达式]	左到右	
	( )	圆括号	(表达式)/函数名(形参表)		
	.	成员选择(对象)	对象.成员名		
	->	成员选择(指针)	对象指针->成员名		
2	−	负号运算符	−表达式	右到左	单目运算符
	(类型)	强制类型转换	(数据类型)表达式		
	++	自增运算符	++变量名/变量名++		单目运算符
	−−	自减运算符	−−变量名/变量名−−		单目运算符
	*	取值运算符	*指针表达式		单目运算符
	&	取地址运算符	&左值表达式		单目运算符
	!	逻辑非运算符	!表达式		单目运算符
	~	按位取反运算符	~表达式		单目运算符
	sizeof	长度运算符	sizeof 表达式/sizeof(类型)		
3	/	除	表达式/表达式	左到右	双目运算符
	*	乘	表达式*表达式		双目运算符
	%	余数(取模)	整型表达式%整型表达式		双目运算符
4	+	加	表达式+表达式	左到右	双目运算符
	−	减	表达式−表达式		双目运算符
5	<<	左移	表达式<<表达式	左到右	双目运算符
	>>	右移	表达式>>表达式		双目运算符
6	>	大于	表达式>表达式	左到右	双目运算符
	>=	大于等于	表达式>=表达式		双目运算符
	<	小于	表达式<表达式		双目运算符
	<=	小于等于	表达式<=表达式		双目运算符
7	==	等于	表达式==表达式	左到右	双目运算符
	!=	不等于	表达式!=表达式		双目运算符
8	&	按位与	整型表达式&整型表达式	左到右	双目运算符
9	∧	按位异或	整型表达式∧整型表达式	左到右	双目运算符
10			按位或	整型表达式|整型表达式	左到右	双目运算符
11	&&	逻辑与	表达式&&表达式	左到右	双目运算符

优先级	运算符	名称或含义	使用形式	结合方向	说明
12	||	逻辑或	表达式||表达式	左到右	双目运算符
13	?:	条件运算符	表达式1? 表达式2：表达式3	右到左	三目运算符
14	=	赋值运算符	变量=表达式	右到左	
	/=	除后赋值	变量/=表达式		
	*=	乘后赋值	变量*=表达式		
	%=	取模后赋值	变量%=表达式		
	+=	加后赋值	变量+=表达式		
	-=	减后赋值	变量-=表达式		
	<<=	左移后赋值	变量<<=表达式		
	>>=	右移后赋值	变量>>=表达式		
	&=	按位与后赋值	变量&=表达式		
	∧=	按位异或后赋值	变量∧=表达式		
	|=	按位或后赋值	变量|=表达式		
15	,	逗号运算符	表达式,表达式,…	左到右	从左向右顺序运算

附录 2 常用字符的 ASCII 码对照表

字　符	ASCII 码			字　符	ASCII 码		
	十进制	二进制	十六进制		十进制	二进制	十六进制
NUL(空)	0	0000000	0	M	77	1001101	4D
换行	10	0001010	A	N	78	1001110	4E
空格	32	0100000	20	O	79	1001111	4F
!(感叹号)	33	0100001	21	P	80	1010000	50
"	34	0100010	22	Q	81	1010001	51
#	35	0100011	23	R	82	1010010	52
$	36	0100100	24	S	83	1010011	53
%	37	0100101	25	T	84	1010100	54
&	38	0100110	26	U	85	1010101	55
'(引号)	39	0100111	27	V	86	1010110	56
(	40	0101000	28	W	87	1010111	57
)	41	0101001	29	X	88	1011000	58
*	42	0101010	2A	Y	89	1011001	59
+	43	0101011	2B	Z	90	1011010	5A
,	44	0101100	2C	[	91	1011011	5B
—(减号)	45	0101101	2D	\	92	1011100	5C
.	46	0101110	2E	]	93	1011101	5D
/(除号)	47	0101111	2F	∧	94	1011110	5E
0	48	0110000	30	—	95	1011111	5F
1	49	0110001	31	a	97	1100001	61
2	50	0110010	32	b	98	1100010	62
3	51	0110011	33	c	99	1100011	63
4	52	0110100	34	d	100	1100100	64
5	53	0110101	35	e	101	1100101	65
6	54	0110110	36	f	102	1100110	66
7	55	0110111	37	g	103	1100111	67
8	56	0111000	38	h	104	1101000	68
9	57	0111001	39	i	105	1101001	69
:	58	0111010	3A	j	106	1101010	6A
;	59	0111011	3B	k	107	1101011	6B
<	60	0111100	3C	l	108	1101100	6C
=	61	0111101	3D	m	109	1101101	6D
>	62	0111110	3E	n	110	1101110	6E
?	63	0111111	3F	o	111	1101111	6F
@	64	1000000	40	p	112	1110000	70

字 符	ASCII 码			字 符	ASCII 码		
	十进制	二进制	十六进制		十进制	二进制	十六进制
A	65	1000001	41	q	113	1110001	71
B	66	1000010	42	r	114	1110010	72
C	67	1000011	43	s	115	1110011	73
D	68	1000100	44	t	116	1110100	74
E	69	1000101	45	u	117	1110101	75
F	70	1000110	46	v	118	1110110	76
G	71	1000111	47	w	119	1110111	77
H	72	1001000	48	x	120	1111000	78
I	73	1001001	49	y	121	1111001	79
J	74	1001010	4A	z	122	1111010	7A
K	75	1001011	4B	{	123	1111011	7B
L	76	1001100	4C	}	125	1111101	7D

附录3　C语言常用库函数

1. 数学函数

调用数学函数时,要求在源文件中包下以下命令行:

♯include < math.h >

函数原型说明	功能	返回值	说明
int abs(int x)	求整数 x 的绝对值	计算结果	
double fabs(double x)	求双精度实数 x 的绝对值	计算结果	
double acos(double x)	计算 $\cos^{-1}(x)$ 的值	计算结果	x 在 $-1\sim1$ 范围内
double asin(double x)	计算 $\sin^{-1}(x)$ 的值	计算结果	x 在 $-1\sim1$ 范围内
double atan(double x)	计算 $\tan^{-1}(x)$ 的值	计算结果	
double atan2(double x)	计算 $\tan^{-1}(x/y)$ 的值	计算结果	
double cos(double x)	计算 $\cos(x)$ 的值	计算结果	x 的单位为弧度
double cosh(double x)	计算双曲余弦 $\cosh(x)$ 的值	计算结果	
double exp(double x)	求 e^x 的值	计算结果	
double fabs(double x)	求双精度实数 x 的绝对值	计算结果	
double floor(double x)	求不大于双精度实数 x 的最大整数	计算结果	
double fmod(double x,double y)	求 x/y 整除后的双精度余数		
double frexp (double val, int * exp)	把双精度 val 分解尾数和以 2 为底的指数 n,即 val $=x*2^n$,n 存放在 exp 所指的变量中	返回位数 x, $0.5\leqslant x<1$	
double log(double x)	求 $\ln x$	计算结果	$x>0$
double log10(double x)	求 $\log_{10}x$	计算结果	$x>0$
double modf(double val,double * ip)	把双精度 val 分解成整数部分和小数部分,整数部分存放在 ip 所指的变量中	返回小数部分	
double pow(double x,double y)	计算 x^y 的值	计算结果	
double sin(double x)	计算 $\sin(x)$ 的值	计算结果	x 的单位为弧度
double sinh(double x)	计算 x 的双曲正弦函数 $\sinh(x)$ 的值	计算结果	
double sqrt(double x)	计算 x 的开方	计算结果	$x\geqslant0$
double tan(double x)	计算 $\tan(x)$	计算结果	
double tanh(double x)	计算 x 的双曲正切函数 $\tanh(x)$ 的值	计算结果	

2. 字符函数

调用字符函数时,要求在源文件中包下以下命令行:

＃include＜ctype.h＞

函数原型说明	功能	返回值
int isalnum(int ch)	检查 ch 是否为字母或数字	是,返回"1";否则返回"0"
int isalpha(int ch)	检查 ch 是否为字母	是,返回"1";否则返回"0"
int iscntrl(int ch)	检查 ch 是否为控制字符	是,返回"1";否则返回"0"
int isdigit(int ch)	检查 ch 是否为数字	是,返回"1";否则返回"0"
int isgraph(int ch)	检查 ch 是否为 ASCII 码值在 ox21 到 ox7e 的可打印字符 (即不包含空格字符)	是,返回"1";否则返回"0"
int islower(int ch)	检查 ch 是否为小写字母	是,返回"1";否则返回"0"
int isprint(int ch)	检查 ch 是否为包含空格符在内的可打印字符	是,返回"1";否则返回"0"
int ispunct(int ch)	检查 ch 是否为除了空格、字母、数字之外的可打印字符	是,返回"1";否则返回"0"
int isspace(int ch)	检查 ch 是否为空格、制表或换行符	是,返回"1";否则返回"0"
int isupper(int ch)	检查 ch 是否为大写字母	是,返回"1";否则返回"0"
int isxdigit(int ch)	检查 ch 是否为 16 进制数	是,返回"1";否则返回"0"
int tolower(int ch)	把 ch 中的字母转换成小写字母	返回对应的小写字母
int toupper(int ch)	把 ch 中的字母转换成大写字母	返回对应的大写字母

3. 字符串函数

调用字符函数时,要求在源文件中包下以下命令行:

＃include＜string.h＞

函数原型说明	功能	返回值
char * strcat(char * s1,char * s2)	把字符串 $s2$ 接到 $s1$ 后面	$s1$ 所指地址
char * strchr(char * s,int ch)	在 s 所指字符串中,找出第一次出现字符 ch 的位置	返回找到的字符的地址,找不到返回"NULL"
int strcmp(char * s1,char * s2)	对 $s1$ 和 $s2$ 所指字符串进行比较	$s1<s2$,返回负数;$s1==s2$,返回 0;$s1>s2$,返回正数
char * strcpy(char * s1,char * s2)	把 $s2$ 指向的串复制到 $s1$ 指向的空间	$s1$ 所指地址
unsigned strlen(char * s)	求字符串 s 的长度	返回串中字符(不计最后的"\0")个数
char * strstr(char * s1,char * s2)	在 $s1$ 所指字符串中,找出字符串 $s2$ 第一次出现的位置	返回找到的字符串的地址,找不到返回"NULL"

4. 输入输出函数

调用字符函数时,要求在源文件中包下以下命令行:

＃include < stdio. h>

函数原型说明	功能	返回值
void clearer(FILE ＊ fp)	清除与文件指针 fp 有关的所有出错信息	无
int fclose(FILE ＊ fp)	关闭 fp 所指的文件,释放文件缓冲区	出错返回非 0,否则返回"0"
int feof (FILE ＊ fp)	检查文件是否结束	遇文件结束返回非 0,否则返回"0"
int fgetc (FILE ＊ fp)	从 fp 所指的文件中取得下一个字符	出错返回"EOF",否则返回所读字符
char ＊ fgets (char ＊ buf, int n, FILE ＊ fp)	从 fp 所指的文件中读取一个长度为 $n-1$ 的字符串,将其存入 buf 所指存储区	返回 buf 所指地址,若遇文件结束或出错返回"NULL"
FILE ＊ fopen(char ＊ filename,char ＊ mode)	以 mode 指定的方式打开名为 filename 的文件	成功,返回文件指针(文件信息区的起始地址),否则返回"NULL"
int fprintf(FILE ＊ fp, char ＊ format, args,…)	把 args,…的值以 format 指定的格式输出到 fp 指定的文件中	实际输出的字符数
int fputc(char ch, FILE ＊ fp)	把 ch 中字符输出到 fp 指定的文件中	成功返回该字符,否则返回"EOF"
int fputs(char ＊ str, FILE ＊ fp)	把 str 所指字符串输出到 fp 所指文件	成功返回非负整数,否则返回"－1 (EOF)"
int fread(char ＊ pt,unsigned size, unsigned n, FILE ＊ fp)	从 fp 所指文件中读取长度 size 为 n 个数据项存到 pt 所指文件	读取的数据项个数
int fscanf (FILE ＊ fp, char ＊ format,args,…)	从 fp 所指的文件中按 format 指定的格式把输入数据存入到 args,…所指的内存中	已输入的数据个数,遇文件结束或出错返回"0"
int fseek (FILE ＊ fp,long offer, int base)	移动 fp 所指文件的位置指针	成功返回当前位置,否则返回非 0
long ftell (FILE ＊ fp)	求出 fp 所指文件当前的读写位置	读写位置,出错返回"－1L"
int fwrite (char ＊ pt, unsigned size,unsigned n, FILE ＊ fp)	把 pt 所指向的 $n＊size$ 个字节输入到 fp 所指文件	输出的数据项个数
int getc (FILE ＊ fp)	从 fp 所指文件中读取一个字符	返回所读字符,若出错或文件结束返回"EOF"
int getchar(void)	从标准输入设备读取下一个字符	返回所读字符,若出错或文件结束返回"－1"
char ＊ gets(char ＊ s)	从标准设备读取一行字符串放入 s 所指的存储区,用"\0"替换读入的换行符	返回 s,出错返回"NULL"

续 表

函数原型说明	功能	返回值
int printf(char * format,args,…)	把 args,…的值以 format 指定的格式输出到标准输出设备	输出字符的个数
int putc (int ch, FILE * fp)	同 fputc	同 fputc
int putchar(char ch)	把 ch 输出到标准输出设备	返回输出的字符,若出错则返回"EOF"
int puts(char * str)	把 str 所指字符串输出到标准设备,将"\0"转成回车换行符	返回换行符,若出错,返回"EOF"
int rename(char * oldname,char * newname)	把 oldname 所指文件名改为 newname 所指文件名	成功返回"0",出错返回"−1"
void rewind(FILE * fp)	将文件位置指针置于文件开头	无
int scanf(char * format,args,…)	从标准输入设备按 format 指定的格式把输入数据存入到 args,…所指的内存中	已输入的数据的个数

5. 动态分配函数和随机函数

调用字符函数时,要求在源文件中包下以下命令行:

♯include < stdlib. h >

函数原型说明	功能	返回值
void * calloc(unsigned n,unsigned size)	分配 n 个数据项的内存空间,每个数据项的大小为 size 个字节	分配内存单元的起始地址;如不成功,则返回"0"
void * free(void * p)	释放 p 所指的内存区	无
void * malloc(unsigned size)	分配 size 个字节的存储空间	分配内存空间的地址;如不成功,则返回"0"
void * realloc(void * p,unsigned size)	把 p 所指内存区的大小改为 size 个字节	新分配内存空间的地址;如不成功,则返回"0"
int rand(void)	产生 0~32 767 的随机整数	返回一个随机整数
void exit(int state)	程序终止执行,返回调用过程,state 为 0 正常终止,非 0 非正常终止	无